香料食療

不生病

{ 用廚房常見的香料做料理，
減壓、補血、除溼、排毒、治小病 }

歐陽誠 著

Contents

【目錄】

Chapter3. 香草 從香氣開始美好的一天 ······················100

【自序】

從身邊可得的香料與香草植物
開始認識芳香療法吧！

　　芳香療法這個領域在台灣已經耕耘許久，從一門不被大家看重的學科，變成美容顯學，而後又變成預防醫學的新興領域。雖然物換星移，在芳療師的心目中，依然很清楚芳香療法是一門與土地連結，與植物交流，重拾身體自然韻律的健康生活方式，也是需要用鼻子、用細胞、用心去感受的一項藝術。

　　從事多年芳香療法教學工作以來，常常被學生問起何時要出書，因而心裡總是懸念著要寫一本實踐芳療的書籍。然而不當打卡的上班族之後，生活閒適慵懶，磨磨蹭蹭的也沒寫出個影子來。幸好幸福文化的淑玲熱情邀約，還兼幫我加油打氣，這本書才得以問世。不過一心想寫芳香療法教科書的我，沒想到第一本書卻是與芳療有關的食譜書。

　　在料理的領域中，其實我只是個煮婦，每日料理家人的餐點，做的都是簡單又容易的家常菜。只是個性裡有著不喜歡重複事務的特質，所以老愛在廚房裡變花樣，東加一點，西加一點，偶爾會創造出自己吃了也驚喜不已的餐點，家人也都非常捧場，總是吃的盤底朝天，讓主婦的信心大增，進而常常將私房料理放在網路上與大家分享，甚至在課堂上介紹某一支香料精油時，忍不住就和學生分享私房料理的撇步。隨著大家的好評不斷，主婦的膽子也越來越大，

接下寫這本書的工作時，居然信心滿滿，一股腦兒地想把日常生活應用香料的簡單方法呈現給大家。

　　生活中要實踐芳香療法的精神，大家的第一個印象就是應用精油吧！但精油價格不斐，種類多得令人眼花繚亂，品牌價位也天差地別，對很多芳療新生來說，光要下手買瓶精油就是很大的考驗。其實精油來自許多身邊常用的香料與香草植物，透過各種萃取的方式得到這些香氣植物的芳香分子，若是覺得精油較難親近，不如就從身邊可得的香料與香草植物開始認識芳香療法吧！

　　其實在我們的飲食文化中，香料占了很重要的一環，例如五香，或是八角香，在許多料理中都會出現。然而追求快速與效率的社會氛圍中，我們的日常飲食被化工原料佔據了，例如調理好的色素與人工合成香料，只需要撒一撒，就能讓菜餚美味可口，加上廣告商不停的洗腦之下，化工合成的口味變成了媽媽味。這樣的速成料理的確是忙碌主婦的佳音，可以省卻不少做菜的時間，但是對健康卻一點好處也沒有。也許在餐桌上重新拾起古早味的調味方式，在菜色中加點香料與香草，你會發現不需要味精，也不需要太多的調味醬，就能煮出一桌芬芳佳餚。

　　準備好迎接香料與香草植物進入你的生活嗎？讓香料與香草進入生活其實非常簡單，只要你願意開始，就從豐富家中的餐桌開始吧！讓我們一起以舌頭與鼻子感受植物的芳香之妙，以最天然的方式開始屬於你的芳香療法。

吃的、聞的，香料超乎你的想像

你能想像香料最初登上歐洲的餐桌上時，所有人為食物飄出的香料氣息睜大眼睛、吞著口水，不可置信的模樣嗎？這就是香料攻佔歐洲餐桌的開始，也是影響歐洲文明進展，甚至是影響世界命運的起源。

因為香料，有一種令人難以抗拒的魅力。

這些發出香氣的小東西，被稱之為 Spice，字源的意思是貴重且量少的物品。昂貴的時期，香料的價值甚至可以媲美黃金。歐洲歷史中，曾經有貴族新娘的嫁妝裡包含一包黑胡椒，可見香料在當時彌足珍貴，可以換得美人歸。

芳香療法所使用的精油，多半由這些香料與香草植物萃取而來，是極為濃縮的香氣，往往不需特地打開瓶蓋，就能隱約聞到香氣。早在這些香氣被濃縮之前，人們早就知道這些香氣的奧祕，將香料與香草植物應用在各種生活領域中，是比精油應用更為廣泛的芳香療法。

香料具有保存的力量

在人類的歷史中，香料很早就出現了。以考古的角度來看，新石器時代遺址所發現的一堆鍋碗瓢盆遺跡裡，就殘留有香料的成分，這不僅顯示了香料進入人類歷史已然悠久，也確定香料具有防腐的效果。

香料的防腐效果，古代埃及人最清楚。他們用多種香料混合成複方，塗抹在裹屍布與肉體上，以防止法老王的屍體腐化。裹屍布上的香料成分，經過現代的科學家以儀器分析後，依然可以清晰辨別出數十種目前仍在使用的香料植物，可見得香料的防腐與保存的力量真的很驚人。

因此在人類的歷史中，冰箱尚未被發明之前，除了以鹽醃漬肉品後藏在地窖中可以延長保存時間，人們也發現抹上香料一起醃漬，能讓保存期限更長，而且附加加值是能讓肉品更為鮮美好吃。

香料具有神聖的力量

在古代，香料大量應用在巫術儀式中。由於香料是當時十分昂貴的物品，特別是高級神廟的神聖儀式，或是皇室貴族舉行的巫術儀式中較有機會使用到香料。以古代埃及來說，法老王被奉為太陽神在地面的化身，當他要進行政治活動之前，必需在額頭上塗抹以香料調和的香油（主要成分為乳香），進行祝禱後，才能代表神的身分行使人間的權力。

在很多民族的文化中，香料植物也常被賦予神性，可以用來敬天祭神，焚燒後香氣可上達天聽，淨化人的靈魂，例如印第安人會焚燒白色鼠尾草的葉子來淨化空間，用它洗浴也可以淨化人體，甚至被認為有治療中毒的功效。

在印度教的文化中，許多具有香氣的植物都被認為是神的象徵，以神聖羅勒（Tulsi）為例，這種植物常被印度教徒栽種在家裡，成為家庭的守護者。有些家庭甚至會圍繞主屋栽種，以求平安。在印度教傳統習俗中，也有將神聖羅勒的花瓣浸泡在水中，給將死的人喝下，祈求淨化靈魂，得以上天堂的說法。印度的神聖羅勒因為具有神的地位，因此不拿來烹飪，取用葉子或是根莖部位都會被認為是對神不敬的行為。

香料具有療癒的力量

許多的香草與香料，最早的應用方向是治病，這是大自然賜與我們人類最棒的禮物之一，就是一個色香味俱全的植物藥房。這個神秘的力量，早在神農嘗百草時期就被開啟，神農氏所留下的紀錄中，已經有香料植物療效的記載了。

以杜松為例，這個植物盛產於東歐，漿果與枝葉都充滿了香氣。古埃及人利用杜松漿果作為消毒劑；古希臘人則將杜松的枝葉拿來焚燒，以避免流行病在城市中蔓延，這樣預防傳染病的方式在西藏也行之有年。延續到現代，在芳香療法的領域中，我們利用杜松漿果的精油來淨化體液，消除水腫與身體淤塞的狀態。杜松漿果精油同時也是非常好的空間淨化力量，也能有效預防傳染病在空氣中蔓延。

中華文化最講求食補，許多香料也被列入中醫的藥典中，除了可以增添食物香氣，而且與對的食物一同烹煮還有療癒的功效，薑就是其中的佼佼者。

我們常用的薑，又被稱為北薑，有辛辣的氣味，也是溫補的好食材，在中醫的藥典裡被稱為藥引，意指薑能夠把藥方中各種藥材的療效串連在一起，使藥效能一併發揮作用。現代研究也證實，薑的成分能幫助藥物被身體吸收，甚至對皮膚用藥的吸收力也有助益。

回想你的童年記憶中，是不是也有利用香藥草治病的經驗？左手香可能是我們最為熟悉的氣味，它是處理傷口、幫助消炎的藥草，也能入菜成為佳餚。

香料具有歡愉的力量

有一部印度小說，中文翻譯為《香料情婦》（也拍攝成電影，中文譯名為《情誘色香味》），內容講述一位香料奉獻己身的女性。她學習了所有香料的知識與應用方法，也得到深入觀察人心的力量，奉命前往美國舊金山開設香料舖，為每一個進門求助的人尋求適合的香料解藥。她在香料舖中遇到各種形形色色的問題，有家庭紛爭、環境適應不良，當然也有求愛的問題。

愛情中的兩性歡愉，一直都是人生中很重要的議題。每一位學習芳療的人，最常在各種精油的適用症狀中，歸納出的療效之一，就是催情。沒錯，香料確實也有催情的效果，辛香熱辣的氣味除了能殺菌防腐之外，能活化我們的血液循環，也能暖化冰凍的心靈，卸下偽裝，讓人們可以真實地面對自己的慾望，以及對愛的渴求。香料的氣息能帶給我們歡愉的力量，讓我們勇敢且真實的好好愛一場。你問我什麼香料最有效？這一點見仁見智，有人喜愛花香，有人喜愛辛香熱辣的香氣，就看你怎麼去享受它！

香料影響我們的味蕾，隨著食物吃下肚子，進入身體，對身心同步產生影響，不但豐富了我們的餐桌，也豐富我們的人生。香料幫我們開了胃口，那香噴噴又帶有一點辛辣的口感，讓人忍不住扒了好幾口飯；香料幫我們激勵腸胃，大吃大喝之後，絲毫不感覺有飽脹積食的困頓感；香料幫我們暖了身體，即使寒冬冷風簌簌吹，依然覺得熱血奔騰；香料也幫我們暖了心，拉近了人際關係的距離，天涯咫尺都不覺得孤單。

準備好迎接香料與香草植物進入生活中嗎？其實非常簡單，只要你願意，就從豐富餐桌開始吧！

Chapter

1

Vegetable Oil

植物油

維持年輕活力的廚房必備調味料

　　植物油是人類飲食歷史中很早就出現的食材，也是增加食材風味的重要元素之一，講起料理的添加油，很多人第一個反應是：不要吧！那會讓料理吃起來油膩，還會讓人發胖，甚至會增加膽固醇影響健康！但目前已經有許多醫學研究顯示，飲食中攝取適量的冷壓植物油，不僅不會讓人發胖，也不會增加膽固醇而影響健康，反而有益心血管的保養，更能使人維持年輕與活力。

　　以下五種油，包含普遍常見的橄欖油、芝麻油、南瓜籽油，以及特殊的堅果油和沙棘油，它們都有各自的風味與特性，只要運用方法恰當，不僅能為料理增添風味，對身體也有很多好處，建議在廚房料理時多加運用。

橄欖油
天堂來的禮物（預防心血管疾病）

　　這是一種最常在廚房中發現的植物油，在各種廣告宣傳下，橄欖油成為預防心血管疾病的最佳代言者。沒錯！橄欖油富含單元不飽和脂肪酸中的油酸，對於住在地中海周邊的人民來說，更是美味與幸福的代表。

　　橄欖油的應用歷史十分悠久，除了是食品，更是營養保健品，它的果實、枝葉、花朵都可作為日常養生使用。在近代，橄欖的花朵也被製成巴赫花精，對於精疲力盡的人，有能量補強的效用。

　　地中海周邊的人常說橄欖樹是天堂來的禮物，這話一點都不假，在希臘羅馬神話故事中，橄欖樹來自於一場競爭，海神波賽頓與戰神雅典娜兩人競爭成為希臘新城邦的守護神，約定分別送給該城邦一份禮物，海神波賽頓送給人們一匹強壯的戰馬，希望讓該城邦在戰爭中能攻無不克；雅典娜女神則送給該城邦一棵神聖的樹，枝葉象徵和平，花朵芬芳可提振身心能量，果實飽滿能榨出金黃帶綠的鮮香植物油，這種植物油不僅能增添飲食風味，更具有健康保養之效，用來塗抹皮膚還能治療傷痕與回春。兩份禮物相較之下，勝利者呼之欲出，雅典娜成為該城邦的守護神，而新城的名字也被稱為雅典。此後，橄欖油成為人們重要的生活伴侶，對地中海周邊區域的飲食文化帶來重大的影響。

Olea europaea

<table>
<tr><td>

✳ 橄欖樹植物檔案 ✳

學名：Olea europaea
科屬：木樨科
產地：地中海周邊國家

</td><td>

✳ 橄欖油主要成分 ✳

· **飽和脂肪酸**　15%
· **單元不飽和脂肪酸**
　油酸　　　　75%
· **多元不飽和脂肪酸**
　亞麻油酸　　10%
· **其他成分**
　植物固醇
　維生素 E
　酚類化合物

</td><td>

✳ 橄欖油使用小 Tips ✳

　　冷壓橄欖油的燃煙點為
160℃，適合涼拌、水炒或用
中小火炒，若以高溫大火炒炸，
容易使橄欖油變質。

　　除了內服，橄欖油也可用
來卸妝潔膚與護髮！

</td></tr>
</table>

油醋醬生菜沙拉

無負擔的開胃菜

　　做義式油醋醬可以做得很複雜、很精緻，也可以用很簡單的方式調製。如果用簡單的方式調製也能做出風味不錯的油醋醬，我想應該會增加大家自己動手做的意願吧！只需要準備一些香料，加入好的植物油中，就能以食材鮮味與香料的風味調出屬於自己的新鮮味。

【 材料 】

蒜頭 2 瓣
冷壓橄欖油 10ml
乾燥野馬鬱蘭葉片 1g
洋蔥 1/4 顆
大番茄 1/2 顆
水果醋 10ml
黑胡椒粉 1g

【 做法 】

1. 將洋蔥與大番茄洗淨，切碎備用。

2. 蒜頭去皮後壓碎。

3. 將上述材料放入小碗中，淋上橄欖油，淋上適量的水果醋，攪拌均勻後，撒上少許野馬鬱蘭葉片與黑胡椒粉。

✳ 小叮嚀 ✳

　　完成的油醋醬不會帶鹹味，具有大番茄與洋蔥的鮮味，加上蒜頭的辛香。若選用含有糖分的水果醋，滋味較佳。若喜歡成熟一點的口感，可以選用無糖的醋來調味。

✳ 保存方式 ✳

　　調製的油醋醬最好當天食用，以保新鮮。當日沒有用完的油醋醬，可以放在小密封盒中冷藏三天。

✳ 廚房中的多種應用方式 ✳

　　食用時將適量的油醋醬淋在洗淨剝好的生菜蔬果上，稍微拌一下就可以食用，也可以直接當做沾醬。

　　有時我也會把這樣的醬料淋在烤蔬菜上，酸甜口感加上烤蔬菜的焦香，讓烤蔬菜不再那麼單調無味。烤蔬菜很方便做，尤其是瓜果類更是適合，我特別喜愛用茄子，切片烤過，淋上油醋醬，喜歡鹹味即撒一點起司粉，就是很好吃又無負擔的開胃菜。

南瓜籽油

維持男性機能的利器（保護攝護腺、消炎）

一想到南瓜，大家第一個想起的便是帶著奇異的笑臉萬聖節大南瓜頭。而南瓜在中國的傳統意涵中，象徵了多產、健康與財富，圓圓胖胖又金黃閃亮的大南瓜，是不是很有聚寶盆的樣子？

在歐洲，出產優質南瓜籽油的莊園通常都具有百年以上的歷史，數代以來父子之間傳遞著種植南瓜的技術，以及順應天地變化的自然農法經驗。這些小莊園以傳統冷壓的方式榨出一瓶瓶翠綠帶黑的香濃南瓜籽精華，一入口就帶來滿盈的核果香氣，連身體細胞都像受到滋潤般的舒張開了！

對吉普賽人來說，南瓜籽是重要的男性保養食物，對攝護腺的健康有益，吉普賽男人認為吃南瓜籽可以幫助維持男性雄風。現代醫學研究發現南瓜籽中有豐富的鋅，可幫助舒緩攝護腺充血現象，對男性機能的健康很有幫助。懶得嗑瓜子，喝南瓜籽油呢？當然也有這樣的效用！

南瓜籽油本身也具有消炎的作用，當然也能用做護膚油使用，但是因為它含有顏色，塗在臉上可能會讓你變成一塊綠色的堅果餅乾，因此還是建議大家把它吃進肚子裡吧！

Olea europaea

＊ 南瓜植物檔案 ＊

學名：Cucurbita maxima
科屬：葫蘆科
產地：匈牙利、法國、奧地利

＊ 南瓜籽油主要成分 ＊

· **飽和脂肪酸**　　　　15%
· **單元不飽和脂肪酸**
　油酸　　　　　　　30%
· **多元不飽和脂肪酸**
　亞麻油酸　　　　　48%
　Alpha 次亞麻油酸　15%
· **其他成分**
　礦物質鋅

＊ 南瓜籽油使用小 Tips ＊

　南瓜籽油適合用來涼拌菜餚或做成醬料使用。以不加熱的方式食用南瓜籽油，才不會破壞其豐富的不飽和脂肪酸，更能吃到其中的營養與香氣。

　加點肉燥，拌燙熟的地瓜葉；或者加上堅果果乾，打成堅果醬，用剛烤好的法國麵包沾著吃，不僅美味，也是非常有營養價值的早餐！

　直接食用一湯匙南瓜子油，不僅可以補充不飽和脂肪酸等營養，還能幫助男性預防攝護腺問題，是很好的健康食材！

堅果醬佐麵包

健康的有氧早餐

一早起床，為了趕時間上學上班，總有兵荒馬亂的感覺，也許空著肚子出門，也許在路上隨意買些東西搪塞了一餐，吃進去的早餐多半多油、高熱量、少蔬果，填飽了肚子，卻拖累了大腦，帶來渾沌的一天。

若能在家裡先準備好材料，起床後只需要花五分鐘時間，就能為自己與家人準備營養早餐，想不想試試看呢？ 堅果抹醬富含不飽和脂肪酸，還有豐富的礦物質，為美好的早晨增添活力。

【 材料 】

綜合堅果 1 包（含南瓜籽、甜杏仁、腰果、核桃、葡萄乾、蔓越莓等乾果類）50g
南瓜籽油 30ml
蜂蜜或煉乳 5g（可依個人需要加入，也可以不加）

【 做法 】

1. 用食物調理機將綜合堅果打碎，加入南瓜籽油拌勻，讓堅果碎片能充分沾滿南瓜籽油即可。

2. 喜歡食用食物原味的人，可以直接將堅果醬抹在法國麵包或吐司上，也能加在蘇打餅乾上食用。

3. 喜歡甜味的人，可以在堅果醬中加入適量的蜂蜜或煉乳，把吐司法國麵包撕開沾著吃。

＊ 小叮嚀 ＊

沒有食物調理機時，可以用酒瓶或者是廚房中敲打肉排的錘子，將堅果壓碎或擊碎。先把堅果裝入乾淨的塑膠袋裝中，外面用抹布或毛巾包好，再用酒瓶用力滾動或是以肉錘拍打即可。這個工作我喜歡外包給小孩做，他們對食物製作過程若有參與感，餐桌上的食慾也更好！

＊ 保存方式 ＊

自製堅果醬應存放在玻璃瓶中，蓋好瓶蓋放置冰箱中冷藏。由於沒有防腐劑，一週內食用完畢較能保存食物風味，放得越久，堅果的清脆口感則可能消失。

＊ 廚房中的多種應用方式 ＊

堅果抹醬，除了可以直接塗抹麵包食用之外，也可以加在三明治中，與煎蛋、火腿、培根和生菜都能搭配。

堅果抹醬還可以加在涼麵醬中，也可以與肉燥一起乾拌青菜，也能調在沙拉醬汁中成為堅果風味的沙拉醬。

早上想來一杯鮮奶？堅果抹醬還可以加在鮮奶中調製成堅果牛奶，為一成不變增添營養與樂趣。

昆士蘭堅果油
堅果香氣的調味料
（降低體內低密度膽固醇、保護心血管）

　　吃過夏威夷豆嗎？香、酥、脆的口感，加上獨特的香氣，常常讓人忍不住一口接一口地吃著。夏威夷豆的原生地在澳洲昆士蘭省，因此被稱為澳洲堅果或昆士蘭堅果，後來被移植到夏威夷之後，才成為家喻戶曉的堅果美饌。

　　一般市面上可買到的夏威夷豆果實，多為炒熟或油炸過的，加上調味後，香氣濃，成為大受歡迎的零嘴，但也因為經過高溫炒炸，使得堅果中原有的不飽和脂肪酸變質了。吃了市售的夏威夷豆，只能得到熱量與口腹上的滿足，反而無法吃到堅果中應有的營養成分，非常可惜！

　　昆士蘭堅果油富含單元不飽和脂肪酸，有益於心血管系統，可幫助降低體內的低密度膽固醇，對老年人的心血管保養十分有幫助。昆士蘭堅果油的氣味帶有淡淡的堅果香氣，與各種甜點十分搭配，或者當作拌醬也很合適。

Macdadamia ternifolia

✻ 昆士蘭堅果植物檔案 ✻

學名：Macdadamia ternifolia
科屬：山龍眼科
產地：澳洲

✻ 昆士蘭堅果油主要成分 ✻

· **飽和脂肪酸**　　　　15%
· **單元不飽和脂肪酸**
　油酸　　　　　　　　62%
　棕櫚烯酸　　　　　　18%
· **多元不飽和脂肪酸**
　亞麻油酸　　　　　　3%
　次亞麻油酸　　　　　2%

✻ 昆士蘭堅果油使用小 Tips ✻

　　昆士蘭堅果油不僅可以拿來吃，更是澳洲當地住民心目中不可或缺的美容用油。它的油脂接近人體皮膚皮脂腺分泌的成分，清爽且容易吸收，是很好的按摩用油，還可以保養長期受到日曬的肌膚，也可以用來護髮。加入植物性乳化劑還能做成清爽不膩的乳液，喜歡ＤＩＹ的朋友不妨試試看。

香料烤洋芋片

健康的休閒零嘴

　　洋芋片是大家都愛的點心，不管是看電視、看電影、聊天，或是一個人發呆時，都是很好的零嘴。但是市面上所賣的包裝洋芋片，成分往往比天然洋芋還要複雜，一口一片的同時可能也吃進了大量的食品添加物，攝取過多的鹽分、糖分與脂肪。

　　我的孩子們也曾經非常喜愛吃包裝洋芋片，每到賣場總會吵著購買。某天下午正好空閒，和孩子們一起用家裡剩下的馬鈴薯做各種口味的烤洋芋片，沒想到三個孩子異口同聲地說：這種洋芋片比外面買的有香氣，有嚼勁，好吃多了！

　　自己做的烤洋芋片雖然不及包裝洋芋片的酥脆，但是加上香料和香料油調味，可以變化各種不同的口味，或者調整洋芋片的厚薄，也能嚐到不同的口感。自己動手做，可以清楚知道裡面有什麼成分，也能避免過多添加物，讓自己與家人朋友都吃到健康。

【材料】

馬鈴薯 2 顆
昆士蘭堅果油 2ml
鹽 5g
黑胡椒粉 適量
乾燥迷迭香葉片 3g
乾燥蒔蘿 3g

【做法】

1. 馬鈴薯連皮洗淨，若表面有沾土，用海綿輕刷，就能洗的很乾淨。

2. 將馬鈴薯連皮切成約 0.2 公分厚的薄片，放入煮開的熱水中燙 30 秒～ 1 分鐘，撈出後放冷備用。

3. 在烤盤上塗一層薄薄的昆士蘭堅果油，將馬鈴薯片排上烤盤。

4. 撒上鹽、黑胡椒粉、切碎的迷迭香葉或蒔蘿葉，你可以選擇家裡自種的新鮮迷迭香與蒔蘿，或者選用乾燥的香料葉片皆可。

5. 將烤盤送入烤箱中，以上火 160℃烤 5 分鐘即可。

＊ 小叮嚀 ＊

　　馬鈴薯有很多品種，我喜歡選用不同顏色的馬鈴薯，可以增加視覺的好感度。

　　若想要吃脆一點，可以延長烘烤時間。因為切片的馬鈴薯很容易焦，所以要先觀察一下自己家裡的烤箱溫度，試一下真正需要的烘烤時間。

＊ 保存方式與期限 ＊

　　現烤的馬鈴薯片趁熱吃滋味非常棒，烤好的馬鈴薯片保存在保鮮盒中，可以放置兩天時間，因為沒有防腐劑，夏天可能會因為氣候潮溼溫熱而容易發霉。

冷壓芝麻油
很好的抗氧化物
（排毒、改善便祕、淨化皮膚、改善輕微貧血）

　　在台灣，芝麻油是廚房中常見的植物油，很多養生的中式料理中都需要芝麻油來增加滋補與溫潤的力量。但台灣常見的芝麻油，大多是熱炒芝麻，再以高溫搾取，取出來的芝麻油油脂豐厚，充滿濃郁香氣，但是與芳香療法常提到的冷壓芝麻油並不相同。

　　芝麻原產於非洲與熱帶亞洲（印度），在台灣也有規模的栽種在西部平原地區，嘉義與台南地區更在芝麻收成時期，舉辦芝麻節的慶典，歡慶豐收。

　　冷壓芝麻油使用的多為白芝麻，與台灣傳統習慣用的黑芝麻不同。芝麻含有 55% 油脂，以冷壓方式萃取的芝麻油帶有淡淡的種子香氣，除了含有豐富的不飽和脂肪酸之外，芝麻油含有芝麻酚，是很好的抗氧化物，芝麻油不僅品質穩定，人體攝取後有抗氧化的好處。

　　在印度阿輸吠陀醫學中，芝麻油一直被當作重要的排毒用油，除了能幫助體內淨化，改善便秘之外，外用在皮膚上，也可以幫助深層淨化皮膚，印度的新生兒在出生時，會以溫暖的芝麻油塗抹全身，祈求能幫助新生兒褪去胎火，並且適應環境，好好的活下來。

　　在西方研究中發現，服用芝麻油可以增加血液中的血小板，改善輕微的貧血症狀，對身體具有十分的滋補效用。

Sesamum indicum

Sesamum indicum

＊ 芝麻植物檔案 ＊

學名：Sesamum indicum
科屬：胡麻科
產地：非洲、熱帶亞洲、南美洲

＊ 冷壓芝麻油主要成分 ＊

- **飽和脂肪酸**　　　16%
- **單元不飽和脂肪酸**
  油酸　　　　　　40%
- **多元不飽和脂肪酸**
  亞麻油酸　　　　43%
  次亞麻油酸　　　1%

＊ 冷壓芝麻油使用小 Tips ＊

　　冷壓芝麻油，在芳香療法領域中，是重要且價格實惠的植物油，也是親膚性極佳的按摩油首選之一，對各種膚質都有滋潤保護的作用。冷壓芝麻油也具有很好的潔膚作用，你可以將它當作卸妝油使用，取適量塗抹臉部，稍加按摩，再用面紙輕輕擦拭，最後用手工香皂將臉部清洗乾淨，就能卸去彩妝與髒污，還你一個淨白清爽的肌膚！

健康涼麵
夏日的消暑良方

夏天到了，溫度上升，炎熱的感覺直接襲擊人們的胃口，對於做菜的人來說更是痛苦，做完料理，人也被爐火熱昏，這時涼麵是非常好的餐點選擇。依據不同的配料，每個人都可以選擇自己喜愛的配方。若是買市面上現成的涼麵，難免擔心醬料中有不適當的食品添加物，也會擔心配料和麵體是否處理乾淨，自己動手做，就可以確保衛生無虞。

比較方便的方式，是先把涼麵醬調理好，想吃的時候準備麵體和配菜就可以快快開飯，熱熱的天裡吃冰涼涼的涼麵，絕對是一大享受。

【材料】

花生醬（帶有顆粒的更好）30ml
芝麻醬（黑芝麻、白芝麻皆可）10ml
冷壓芝麻油 30ml
薄鹽醬油 5ml
月桂純露 10ml
有機檸檬皮 2g
小黃瓜 1 條
火腿 3 片
紅蘿蔔 1 條
黃油麵或拉麵 200g

【醬料做法】

1. 將花生醬、芝麻醬、冷壓芝麻油、薄鹽醬油拌勻。
2. 撒上一些切碎的有機檸檬皮，添加一點點檸檬的清香，夏天吃起來更加對味。若覺得太過濃稠，可以在食用時再加些月桂純露稀釋。

【涼麵做法】

1. 將小黃瓜、火腿、紅蘿蔔洗淨，所有配料都切絲備用。
2. 處理黃油麵體：若買到的麵體是生的，可先將麵體煮熟之後，放入冷水中浸涼，撈起備用。若買來的麵體可直接食用，建議可以過一下熱水，洗掉多餘的油質，再放入冷水中浸涼後撈起備用。
3. 食用時取出適量的黃油麵，隨個人喜好加上喜歡的配料，最後淋上醬料就可以開動了。

* 保存方式與期限 *

醬料調勻後，可收藏在玻璃容器中，約可冷藏存放 3 ～ 7 天左右。

* 廚房中的多種應用方式 *

涼麵醬可以當作沙拉醬料，直接淋在各種沙拉蔬菜上食用。若你喜歡花生芝麻的香氣，這個醬料也可以當做火鍋沾醬，尤其搭配酸菜白肉鍋更是絕配。

沙棘油

鮮豔的保護色

（增加抵抗力、保護腸胃、修護傷口、抗老化）

沙棘，是一種生長在溫帶與寒帶地區的植物，光看名字就知道它很有
耐寒耐旱的能力，但是在氣候溫和的地方也能生長，也是台灣農業改良場
重點研究計畫引進的高經濟作物。

沙棘果實，成熟時為橘紅色，總是能吸引鳥類來攝食，也藉這種方式
播種生長。在德國，沙棘果實被當作雷神的果實，古希臘神話中的神獸飛
馬與獨角獸也會食用沙棘的葉子，幫助自己飛行的技能更好。

沙棘葉，是中亞與東歐地區常用的藥草，在藏藥中也能看到它的蹤影。

沙棘油，主要是萃取自果肉與種子。如果單純萃取果肉，顏色橘偏紅；
如果萃取自種子，顏色偏黃，較無果實香氣，保存期限也比較短。一般市
面上買得到的統稱沙棘油，多為果肉與種子一同萃取的植物油。

Hippophae rhamnoides

學名：Hippophae rhamnoides
科屬：胡頹子科
產地：俄國、蒙古、新疆、歐洲

* 沙棘油主要成分 *

- **飽和脂肪酸**　　　35%
- **單元不飽和脂肪酸**
  　油酸　　　　　　25%
  　棕櫚烯酸　　　　34%
- **多元不飽和脂肪酸**
  　亞麻油酸　　　　3%
  　次亞麻油酸　　　1%
- 富含脂溶性維生素，胡蘿蔔素、
  植物固醇等

* 沙棘油使用小 Tips *

　　沙棘油富含有不飽和脂肪酸，能增加小朋友的抵抗力。它的抗氧化力很強，能保養身體各器官，特別是腸胃系統虛弱的人，更適合食用沙棘油。

　　直接食用可以嚐到香甜的果香，是我家小孩非常喜愛的睡前點心，每次品嘗一滴管（約1ml），就能讓他們開心入睡。沙棘油可製成沙拉醬，拌入新鮮的蔬果中食用。也能直接拌飯，做成壽司，是夏天十分開胃的點心！

　　沙棘油也可外用，是很多有機保養品中應用的抗氧化、抗曬成分。但因為沙棘油有顏色，使用時必須先以1:9的比例，稀釋於其他植物油中，以免在臉上留下胡蘿蔔色的印記。當做護膚油使用的沙棘油，尤其有益於面皰型肌膚，可幫助消炎與修護傷口。沙棘油也能促進肌膚膠原蛋白增生，幫助抗老化，也能修護曬後的肌膚敏感。

有香氣的飯

療癒系米飯

　　白飯一次煮一鍋非常省事，搭配各種菜色都很適宜，也可以做成飯團或壽司帶出門，當做正餐或點心。煮飯時，加入一點純露，或是在飯煮熟之後拌入不同的植物油，不僅能增加米飯的香氣，還可以增加每餐攝取的營養。

【 材料 】
玫瑰純露 2ml
沙棘油 8ml
米 2 量杯（約可煮四碗飯）
水 2 量杯

【 做法 】

1. 將米洗淨，加入適量的水後，關上電鍋前加入 2ml 的玫瑰純露，蓋上電鍋，按下開關，就能期待可以吃到充滿玫瑰香氛的米飯了。

2. 米飯煮好之後，取出適量在大碗中，每一碗飯的份量可加入 2ml 的沙棘油拌勻，米飯會呈現美麗的桔紅色，還帶有濃郁的鮮果香氣。若加入一些糖與醋，更是做壽司的好材料。

＊　小叮嚀　＊

　　除了玫瑰純露之外，也可以試用天竺葵純露，或是茉莉純露。以我自己的經驗來說，玫瑰純露與白米飯最為對味。

Chapter

2

Hot Spice

辛香料

廚房裡的天然保健香料

　　人類使用香料有很長的歷史。香料可用在巫術儀式中，成為祈福或驅魔聖物；也可製成魔藥，完成巫師的咒語；有些香料被定義為具有催情功效，甚至被製成春藥以供帝王或貴族使用。在許多人類的遺址中，挖掘出儲存與使用香料的痕跡，其中最著名的就是埃及的木乃伊。為了保存太陽之子法老王的身軀，使用數十種香料製成香油，揉進肌膚中，裹屍布上也塗滿香料，以求良好保存法老王的凡間軀體，等待有一天靈魂能從死亡之城回來，再度降臨人世間。

　　除了宗教與醫學領域的使用之外，香料最常被應用的範疇當然是飲食。最早香料被發現具有防腐作用，一些較難儲存的食物，像是肉類，便是以香料與鹽抹勻後晾乾，做成醃肉或臘肉，可以保存較長時間，當做過冬的儲糧。此外，人類從茹毛飲血到懂得用火期間，嘗到食物煮熟之後的香氣便難以忘懷，加上鹽與香料的調味，滋味豐美，令人齒頰留香，自此香料成為歷史上大家競相擁有的「香氣黃金」。

　　如果你覺得每天開伙，東煮西煮都是差不多的味道，不妨從現在開始，在廚房裡增備幾種香料，在料理時加入調味，一定可以開創出自己的創意食譜，為廚房增添不同的香氣。

小茴香（孜然）
增添濃濃的民族風味（開胃、消解脹氣、止痛）

　　初聞小茴香，常常讓人驚嚇，帶有濃濃的羊騷味，不禁懷疑這東西能吃嗎？殊不知這是近來流行的新疆風味，即「孜然」。

　　小茴香，原產地在地中海、埃及與中東地區，屬於繖型科的植物，開花期會開出白色略帶粉紅色澤的繖型小花。自聖經時代開始，小茴香就是調味肉品的重要香料，也是印度咖哩中的配方之一，甚至在中南美洲的菜式中，也尋得到小茴香的蹤跡。除了飲食上大量使用，在自古以來的許多醫療配方中也能見到小茴香的身影。埃及人的頭痛配方，或者印度人的腸胃消化配方中都可以見到小茴香，顯見小茴香有止痛與幫助消化的效用。

　　在中古世紀，小茴香對歐洲人來說非常珍貴，甚至一度被當成貨幣之類的封賞之物。某些香水也會調入小茴香的氣味，雖然香氣特殊，但在善於調香的香水師手中，小茴香的動物調性使香水更添神祕氣息。

Cumin

✱ 小茴香應用 ✱

適用各種肉類的料理,尤其是用在牛肉與羊肉料理中,燉煮或燒烤都很美味,不僅可以去除肉品的腥羶味,增添食物香氣,還能幫助消化,消解積食。

小茴香也可加入時下流行的香料養生火鍋中,增加湯品的香氣。

將小茴香磨碎後,可以加入咖哩醬中,增添咖哩風味,為餐桌上帶來異國風情

✱ 小茴香儲存方式 ✱

買回的小茴香請用密封袋包裝好,或置於密封罐中保存,切勿置放在潮溼炎熱之處。

有機栽種的小茴香,有可能因為放置在溫暖潮溼的地方使蟲卵孵化,如果放置在冰箱中也是不錯的保存方法,需要使用小茴香時,再取出磨碎即可。

▌小茴香植物小檔案

產地:地中海地區、埃及、中東地區
科屬:繖型科
精油萃取部位:種子

▌小茴香精油主要香氣成分

· **醛**
  小茴香醛
· **單萜烯**
  檸檬烯
  水茴香萜
  松油萜

▌小茴香精油使用小 Tips

香氣很獨特的小茴香精油,不管與什麼精油加在一起,總能馬上聞到它的香氣,對於喜愛的人來說,這是美好又有層次的香味;對不喜歡的人而言,那是種令人難耐的羊騷味。

將小茴香與花香類的精油調和,能使氣味得到平衡,還有益於消化系統,幫助開胃,消除腹部的悶痛感,也可幫助消解脹氣。

新疆風味烤肉串
串烤不能缺少的香氣

　　2008年，那時我懷著六個月的身孕，和先生以及一群芳療師朋友們同遊新疆。一路上，旅行社安排我們吃很多的好餐廳，其中最讓我們回味無窮的卻是路邊攤的蘭州羊肉炒麵，搭配路邊現烤的羊肉串，以及啤酒花與蜂蜜一起釀製的無酒精飲料。這一餐我一口炒麵，一口烤羊肉，不知不覺竟吃掉七、八串，好吃的程度就連肚子裡的小女兒也一起翻滾叫好。

　　回到台灣一直想念這道餐點的好滋味，於是買了台灣的羊肉片想如法炮製。新疆的羊兒，在得天獨厚的環境下生長，當地人稱：「飲天山水，吃中草藥長大的」，一點羊騷味都沒有。而台灣羊則有自己獨特的香氣，無奈家人不買台灣羊的帳，我只好想方設法地換方式上菜，最後選了大家都喜歡的去骨雞腿肉當作食材，添加帶有新疆香氣的小茴香（孜然），喚起旅行的串串回憶。

【材料】

香料粉：
小茴香 10g
鹽 5g
黑胡椒粉 3g
白胡椒粉 3g

其他食材：
去骨雞腿肉 600g
甜椒 1顆
洋蔥 1顆

【做法】

1. 將小茴香顆粒放在磨缽中研磨成碎片，加入鹽、黑胡椒粉、白胡椒粉混勻。

2. 去骨雞腿肉洗淨擦乾，在雞腿的肉面上撒上混勻的香料粉，邊撒邊按摩雞肉讓香料入味。

3. 將入味的雞腿肉以肉朝下皮朝上的方式放在烤盤中，放入烤箱以 160℃ 上層火，烤 20 分鐘即可。

4. 將烤好的雞腿肉切成一口的適口大小。

5. 將可以生吃的甜椒、洋蔥等蔬菜洗淨切塊，不能生吃的切塊後汆燙至熟即可。

6. 將所有食材用自己喜歡的方式串起來，擺放在盤子裡，吃時可以再沾些香料粉，香氣更足！

＊ 保存方式與期限 ＊

　　磨好的香料粉放在玻璃罐中可以存放，但是放得越久，香氣越淡薄。建議每次磨取需要的量就好，香料還是現磨現用才能充分享用它的香氣。

　　烤好的肉串可以放多久？我想一定一上桌就被吃光了，這是一點都不需要討論的問題。

＊ 廚房中的多種應用方式 ＊

　　如果不喜歡吃雞肉，可以烤牛小排或者是豬肋排，一樣用這個香料也很對味！如果你喜歡更台一點的香氣，醃漬肉類時，加一點蒜末也是不錯的選擇。

037

山雞椒（馬告）
來自山區的清新檸檬香（助消化、消除腹脹）

　　如果你曾經去過台灣的山區部落遊玩，注意看看當地餐廳的招牌菜式中，一定有山胡椒雞湯、山雞椒蒸魚等料理。山雞椒這個名稱，你聽來也許陌生，但提起它的別稱一定曾聽過，就是在烏來、新竹與苗栗山區常見的樟科植物「馬告」，是山雞椒的泰雅族名。

　　山雞椒全株皆有效用，屬於台灣原生植物。它的葉片有淡淡的檸檬香氣，夏天以葉子煮水泡澡，既能消暑，又可以避免流汗生痱子；春季的嫩芽可當做青菜食用；花朵可以泡茶；果實更可當做香料，能料理出風味獨特的台灣原風餐點。

＊ 山雞椒應用 ＊

山雞椒在每年的二月到五月份開花，花朵白色略帶黃，嬌小且有香氣。新鮮花朵摘來泡茶也別有一番風味；果實進入夏季時開始成熟，泰雅族與賽夏族人會採摘新鮮的山雞椒果實，用鹽醃漬保存，這樣做就能保存山雞椒原有的檸檬香氣。將富含檸檬香氣的果實稍微壓裂，與雞肉一起燉煮，能嘗到雞湯的鮮甜與檸檬清香；若用來取代台灣民間常用的破布子蒸魚，也能去腥增鮮。

曬乾後的山雞椒，呈現黑色的小顆粒狀，模樣看起來跟黑胡椒差不多，中醫藥點中稱之為山蒼子，主治下氣消食，有益於消除心腹間的脹氣。研磨過後的粉末也有胡椒香氣與辣感，可當做胡椒調味用，讓飲食增味，又可以促進消化，是非常好的香料。

山雞椒果實能以蒸餾的方式萃取精油。精油富含檸檬醛，香氣濃郁，是香水工業十分喜愛的香水原料。山雞椒精油除了有調香功用之外，還有強力的抗感染作用，它的香氣能抗焦慮、抗疲倦，聞到的人能集中精神，情緒也受到鼓舞與提振。

＊ 山雞椒儲存方式 ＊

若你買到醃漬或新鮮的山雞椒果實，請用小玻璃瓶裝好，放在冷凍庫裡，需要時取用一些，這樣可以讓山雞椒果實常保新鮮，讓你一年四季都可以煮出帶有清新檸檬香的料理。如果買到的是乾燥黑色山雞椒，可以與整顆的黑胡椒混加在一起研磨使用，將有不同於印度黑胡椒的清新香氣。

▌山雞椒植物小檔案

產地：中國、台灣、印度
科屬：樟科
精油萃取部位：果實

▌山雞椒精油主要香氣成分

· **醛**
　檸檬醛
· **單萜烯**
　檸檬烯
· **單萜醇**
　沈香醇

▌山雞椒精油使用小 Tips

可以提振消化之火的山雞椒精油，能激勵消化系統的功能。因為緊張壓力而引發的消化系統問題，使用稀釋後的山雞椒精油按摩肚子，或飲用山雞椒純露，甚至喝山雞椒調味的湯品都能獲得改善。（富含醛類的山雞椒精油，在濃度過高的情況下有可能刺激皮膚，使用時請稀釋至安全濃度，並避免使用在眼週及唇部等較敏感的肌膚。）

Litsea

馬告雞湯

溫暖你的胃

　　寒夜漫漫，不管孤單還是有伴，被窩裡總是冰冷的，不如用一口小陶鍋，燉一鍋有能量的熱湯，喝湯暖身，喝湯暖心，熱呼呼的好入眠。

　　雞湯是我記憶中最有滋補效果的湯品，不管生病了，虛弱了，疲倦了，還是團圓時，一鍋熱雞湯總是很快的凝聚餐桌上每個人的心。馬告是台灣原生香料，充滿檸檬香氣，口感略帶辛辣。馬告雞湯既濃郁又清新，絕對顛覆你的感官，但又溫暖滋養你的胃。

【材料】
一隻土雞腿（切塊，約 800g）
新鮮馬告果實（壓裂）15 顆
新鮮薑片 2 ～ 3 片
水 2000ml
鹽 5 ～ 10g

【做法】

1. 將切塊的大雞腿略清洗過，放入半鍋煮開的水中。

2. 接著放入薑片、壓裂的馬告果實，蓋上鍋蓋。若你使用陶鍋，可以將瓦斯轉為小火，等湯滾了之後，直接關火燜 20 分鐘。

3. 再開蓋，加入適量的鹽調味，此時再開火煮 5 分鐘，就可以把熱騰騰的馬告雞湯端上桌。

＊　廚房中的多種應用方式　＊

　　馬告不僅可以燉雞，也可以蒸魚。以一般蒸魚的方式烹調即可，不同的是在盤中撒上數顆壓裂的新鮮馬告果實。

　　馬告燉湯是我們家裡餐桌上的常見湯品，小孩都對湯中的檸檬香氣感到非常好奇，而且很喜愛，就連平時不愛喝湯的小兒子，也能喝上好幾碗。除了馬告雞湯，我也會在竹筍排骨湯中加入一些馬告果實一起燉煮，馬告香加上竹筍香，意外調和出帶有檸檬香氣的奶香，小孩總愛戲稱這是媽媽的味道。試試看，也許你也能在湯品的各種材料組合裡，調和出你自己的味道。

＊　馬告哪裡買　＊

　　夏季是馬告果實的產季，北部烏來山區盛產。安排一次溫泉之旅，就能在烏來街上的山產店中買到，據說苗栗、花蓮等地的傳統市場中都有機會買到，那就要看你尋寶的功力！如果懶得奔波，在網頁上打上「馬告」二字，也能搜尋到不少網路賣家。不過別忘了，馬告只在夏季有新鮮貨，過了季節只得等明年了。新鮮馬告入手後，別忘記用瓶罐裝好，放入冷凍庫中保存。

蒔蘿
肉類料理中少不了它（助消化、消脹氣、防便祕）

　　蒔蘿是北歐常見的香料植物，但在台灣的冬季也能栽種。台灣民間習慣稱它為「茴香」，其實摘取葉片搓揉後聞香，會發現它的香氣與茴香的香氣大大不同。從外觀上觀察，蒔蘿的植株較瘦長，但是茴香的植株較豐厚，莖也較為粗壯。

　　對我來說，蒔蘿的香氣充滿了童年的回憶，可以稱為外婆的味道。小時候每到秋冬，外婆就會在菜園中播種蒔蘿，幫忙採收時，總會讓我整手都充滿蒔蘿的香氣。很多人不喜歡這樣香氣濃烈的蔬菜，但我卻非常喜歡以蒔蘿做的料理，舉凡蒔蘿煎蛋、蒔蘿水餃、蒔蘿炸天婦羅、蒔蘿炒肉絲等都是外婆教我做的拿手菜。當我自己成為母親，每次在菜市場看到蒔蘿，總是忍不住買一把回家，尋著記憶中的外婆的味道，仿製外婆的拿手菜，吃在口裡總有濃濃的鄉愁。

Dill

✳ 蒔蘿應用 ✳

　　新鮮蒔蘿植株產季較短，屬於冬季的香料蔬菜，可以直接當成蔬菜食用，川燙或熱炒皆可，最常見的做法是與雞蛋一起料理成蒔蘿烘蛋，香氣可以與九層塔烘蛋比美。

　　蒔蘿香氣濃郁，在歐洲常將它與肉類食物一起烹調，或加入奶油馬鈴薯泥中一起食用，增添馬鈴薯泥風味。

　　如果你喜歡吃某瑞典傢俱商進口的瑞典馬鈴薯片，那一開封沖鼻而出的香料氣味，就是蒔蘿香！你也可以在家烤薯片，將蒔蘿切碎做為調味，也是一道很有異國風情的點心！

✳ 蒔蘿儲存方式 ✳

　　新鮮蒔蘿植株買回家之後，不要沾水清洗，只取需要的部分清潔使用，其他的可以用餐巾紙沾水包裹根部，再用乾淨塑膠袋裝好放入冰箱，大約可以保存一至兩週的新鮮度，這段期間可以很方便地隨時取用。

　　市場買的蒔蘿雖然帶根，但是蒔蘿植株一旦離土就無法再生存，所以無法以市場買的植株種植（同為繖形科的芹菜，卻可以只留根部種入土中，就能再生）。你也可以選擇自己種蒔蘿，當季節進入秋季後，選個涼爽的日子播種育苗，再將小苗移入盆栽中種植，這樣就可以在秋冬時節享用蒔蘿的香氣了！過冬季節沒吃完的蒔蘿會開花結種，可以收集種子留待下一個秋天再種。

▎蒔蘿植物小檔案

產地：法國、保加利亞
科屬：繖形科
精油萃取部位：植物全株、種子

▎蒔蘿精油主要香氣成分

- **單萜烯**
  水茴香萜
- **單萜酮**
  藏茴香酮
- **醛**
  蒔蘿醚

▎蒔蘿精油使用小 Tips

　　蒔蘿精油有助於消化系統，特別是針對嬰幼兒的腸絞痛、脹氣及便秘等症狀很有幫助。將蒔蘿精油與甜橙之類的柑橘屬精油調和在一起，取低劑量（濃度低於 1%）加入植物油中稀釋，並且輕輕地以順時針方向幫嬰幼兒按摩肚子，就能有效舒緩嬰幼兒的消化系統症狀。（種子萃取的蒔蘿精油含有較多的酮類，有可能對神經系統造成負面影響，建議選用精油時以植物全株萃取的較為安全）

蒔蘿水餃

秋冬限定的美味

　　每到秋冬，菜市場就會出現一種長相美麗，但卻讓人感到陌生的蔬菜，老一輩人稱它為「茴香仔」，以學名來說，它是繖形科的蒔蘿，是一種在天氣涼爽時才有機會吃到的蔬菜。直接清炒蒔蘿也非常好吃，每一口都帶有濃郁的香氣，非常助消化。但許多人無法承受它的濃郁香氣，所以變成餐桌上的拒絕往來戶，最後是烹煮的媽媽自己吃完。

　　蒔蘿與肉類一起烹煮可以降低蒔蘿的青澀味，香氣也比較圓融，是大家比較能接受的吃法。吃慣了高麗菜水餃、韭菜水餃，在秋冬季節可以嘗試蒔蘿水餃，挑戰一下大家的味蕾。市面上也可以買到乾燥的蒔蘿，香氣較為清淡，適合搭配馬鈴薯泥或者是烤豬肋排等西式料理。

【材料】

新鮮蒔蘿 1 把（約 100g）
紅蘿蔔 1 條
高麗菜 1/2 顆
豬絞肉 1 斤
醬油 10ml（依喜愛的鹹度調整）
植物油 20ml
鹽（依喜愛的鹹度調整，也可以不添加）
黑胡椒粉 5g
水餃皮（約可包 140 顆水餃）1200g

【做法】

1. 蒔蘿洗淨晾乾，切碎後，壓一下，把多餘的水分壓出。

2. 高麗菜切碎後，加入少許鹽抓拌，停留 10 分鐘，用乾淨的布包住，將菜汁擠出即可。

3. 紅蘿蔔削皮，切成小丁備用。

4. 將豬絞肉與紅蘿蔔丁、切碎的蒔蘿與高麗菜攪拌均勻，加入適量的醬油、植物油（可用芝麻油）、鹽、黑胡椒粉，繼續拌勻，將肉拌至帶有一些粘性即可。

5. 拿出水餃皮，可以開始包水餃！將包好的水餃放入滾水中煮熟即可。

＊ 保存方式與期限 ＊

　　包好的水餃可以保鮮盒盛裝，在盒子底部灑一點乾麵粉，可預防水餃沾黏。蓋好盒蓋，放在冷凍庫中可以保存三個月以上也沒問題。也可以在塑膠容器行買到專門盛裝水餃的塑膠盒，更能有效的隔離每一顆水餃，確保餃子皮不會互相沾黏。

＊ 廚房中的多種應用方式 ＊

　　吃膩了水餃，還可以放在平底鍋裡以小火油煎，再加一點水，蓋上鍋蓋蒸一下，做成煎餃也很好吃！

　　另一種吃法是把蒔蘿切碎與雞蛋一起煎食，蒔蘿香氣搭配蛋香，好吃的程度不亞於九層塔煎蛋，也是一道不容錯過的家常料理。

甜茴香
聞香就開胃（提振食慾、幫助消化、止飢、通乳、減重）

甜茴香植株在台灣較為少見，而它的種子卻常在傳統滷味香料中出現。即使是甜茴香的葉片，搓揉後的香氣仍非常容易讓人想到台灣傳統滷味包。甜茴香之所以被稱為甜茴香，是因為氣味較為甜美，就連種子與葉片都帶有甘甜的後味；而苦茴香植物與精油的香氣則帶有較濃郁的芹菜氣味，較不討喜。

甜茴香的種子在口中咀嚼，除了會有香甜的氣味之外，能為人帶來飽足感，在現代是一種非常具有「減肥價值」的植物。在古代歐洲的戰爭時期，甜茴香是重要的軍餉，他們讓每個士兵的身上帶一些甜茴香種子，感覺餓了就嚼食一些，立刻可以消止飢餓，讓軍隊可以繼續前行，不至於因為飢餓感而中斷戰鬥。

乾燥的甜茴香葉與甜茴香種子，在古代歐洲是著名的通乳藥草，可幫助產後刺激乳腺泌乳，而現在，你依然可以在歐洲的藥房中買到含有甜茴香成分的泌乳藥草茶。

sweet fennel

* 甜茴香應用 *

　　甜茴香的葉子與莖帶有香甜的氣味，將葉片帶莖洗淨，切成小塊加入生菜沙拉中，可以增加沙拉口感與香氣，還可以提振食慾、幫助消化，是春天很棒的香料蔬菜。甜茴香葉也可以切碎煎蛋，香氣與蛋香融合也是很開胃的菜餚。

　　甜茴香種子具有八角的香氣，屬於五香配方之一香，在滷製食物時，將甜茴香種子加進滷包中，可以增加風味，還可以幫助肉類食物容易燉軟燉爛。

　　我自己在製作火鍋沾醬或水餃沾醬時，也會把甜茴香種子磨碎，加入醬油等調味料中調勻即可沾食，即使是千篇一律的火鍋或冷凍水餃，也能在食用時感受到新的口感與香氣。

* 甜茴香保存 *

　　甜茴香新鮮植栽不容易在一般市場中買到，但有可能在較大的超市買到進口或台灣自種的新鮮茴香植株。不過，新鮮買、新鮮吃絕對是不二法門。若有需要冷藏，切勿先行清洗，保持植株乾燥，能使冷藏的保存期限延長。

　　甜茴香種子則容易買到，在大賣場與超級市場的香料貨架、傳統市場的雜貨舖或是中藥房都能買到。買回家後，裝在夾鏈袋中或是有蓋的玻璃瓶較能保持乾燥，利於存放，若遇到潮溼，則容易發霉或長蟲。

▋ 甜茴香植物小檔案

產地：法國、克羅埃西亞
科屬：繖形科
精油萃取部位：種子

▋ 甜茴香種子精油主要香氣成分

· **醚**
　反式洋茴香腦
· **單萜烯**
　檸檬烯
· **氧化物**
　桉油醇

▋ 甜茴香精油使用小 Tips

　　甜茴香精油最主要是處理消化問題，舉凡脹氣、消化不良都可以應用，不論是直接嚼食甜茴香種子，或是以一滴甜茴香精油加入 5ml 植物油中調和，順時鐘按摩肚子，都能發揮效果。

　　在芳香療法中，甜茴香精油也是具有調經效用的精油，也可以舒緩經前症候群，但是懷孕婦女不適合使用它。

香滷三層肉
不一樣的滷肉香

　　人口單薄的家庭開伙，常常會有剩飯剩菜的困擾，一道菜熱了又熱，一鍋湯熱了又熱，每餐都吃一樣的食物，再好吃也會膩。如果在湯品和家常菜中加些香料，就能變化出更多的菜色，刺激家人的味蕾，為餐桌增添不同的香氣。

　　傳統的家常滷肉常用的香料多為蔥、薑、蒜，再加點醬油，就能滷出充滿媽媽味道的台式滷肉。建議每次滷肉時，加點不一樣的香料，能讓媽媽味也有一點新鮮感。

【 材料 】

香料

（黑胡椒粒 10 顆、丁香花苞 3 顆、肉桂葉 3 片、花椒 10 顆、甜茴香 20 顆、新鮮有機橘子皮或檸檬皮 1～2 片）

其他材料

帶皮豬三層肉 500g
蔥 2 支
蒜頭 2 瓣
薑 2 片
醬油 10ml
酒　適量
冰糖 1 茶匙
水　適量

【 做法 】

1. 先將帶皮豬三層肉用水汆燙去血水之後，切成 1.5 公分厚的肉片。

2. 起油鍋，將蔥、薑、蒜頭爆香，把豬肉放入鍋中一起拌炒。

3. 炒出肉香後，加入所有香料，加入適量的水，水量要蓋過所有的豬肉，加入醬油、冰糖稍微攪拌一下，蓋上鍋蓋以中小火燜煮 30 分鐘。

4. 打開鍋蓋確認肉是否已經軟熟且入味，並撒上少許的酒增添香氣，等肉都軟了且入味後就可以起鍋。

**　＊　小叮嚀　＊**

　　若是手邊沒有香料，你也可以用精油入菜。以有機方式栽種，而且以符合有機標準壓榨或蒸餾萃取的精油，可以作為食品添加物食用。你可以在滷肉熟透入味後，把肉桂皮精油 2 滴、甜茴香精油 2 滴、丁香花苞精油 1 滴、甜橙精油 3 滴放入鍋中，稍微攪拌一下，就可以盛起食用。

小豆蔻
印度風味中的主角（消除脹氣、改善胃寒）

　　你是否看過路邊開花的月桃所結的果實，薑科植物豆蔻的果實大概就長那個樣子。小豆蔻是薑科植物的果實。在香料中被稱為豆蔻的香料有很多種，有肉豆蔻、草豆蔻、白豆蔻等，長相皆異，香氣也不同，使用在料理的範疇也不同。小豆蔻是印度咖哩香料中常見的一味，果實整棵都有香氣，若你愛喝印度奶茶，對這個香氣一定不陌生。

　　若有機會到印度朋友家吃飯，飯後有種特殊的甜點叫做印度口香糖，裡面有甜茴香、小豆蔻及少許砂糖，放入口中一同嚼食，不僅可以清除飯後五味雜陳的口氣，還能幫助消化解脹氣。

＊ 小豆蔻應用 ＊

小豆蔻最常出現在印度咖哩中，磨碎的小豆蔻香氣很濃郁，帶有新鮮果實香與一點嗆辣感，讓咖哩吃起來不濃膩，而是帶有層次分明的香氣。我自己很喜歡先用小豆蔻、丁香、小茴香、肉桂葉、薑與黑胡椒等香料，與牛肉塊一起燉煮了之後，再放入市售的咖哩塊，與香料清燉的湯汁融合在一起添加風味。市售咖哩塊的甜味，加上自己調味的香料辛香，就成為我家小孩口中讚不絕口的媽媽特調咖哩。

一顆小豆蔻也能為咖啡帶來不同的香氣，若你有胃寒，但仍想偶而嘗一下咖啡，可以在一杯咖啡量的咖啡豆中，加上一顆小豆蔻一起研磨，不僅能品嘗到咖啡香，還有助於改善胃寒的不適。

如果你愛喝奶茶，試著在煮茶時加上少許剝開的小豆蔻，香料奶茶將能溫暖你的胃，你的心。

＊ 小豆蔻保存 ＊

一般市面上可以買到的小豆蔻果實都是乾燥的，只要裝在夾鏈袋中保持乾燥，通常可以保存很長一段時間。小豆蔻香氣濃郁，建議要使用時才研磨或剝開，可以將小豆蔻的香氣完整的保留。

小豆蔻植物小檔案

產地：印度、斯里蘭卡、印尼
科屬：薑科
精油萃取部位：果實

小豆蔻精油主要香氣成分

- **氧化物**
  桉油醇
- **酯**
  乙酸　品烯酯
- **單萜烯**
  檸檬烯

小豆蔻精油使用小 Tips

小豆蔻精油香氣十分濃郁，但與一般香料精油不同的是帶有濃郁的水果香氣，這是一個溫暖且具有激勵效果的精油，當感冒或受風寒時，可以小豆蔻精油 3 ～ 5 滴加入一小杯牛奶中調勻，再加入熱水中泡澡，可幫助祛寒發汗，避免感冒。

在寒夜手腳冰冷時，以小豆蔻煮食奶茶或熱飲都能讓你感到溫暖，或是將小豆蔻精油調入你常用的身體乳中，也能讓你很方便地享受到小豆蔻的香料之火。

豆蔻咖啡

想暖胃的時候

　　這是中東地區非常喜愛的一種調味咖啡，對於喝咖啡會感到胃酸增多或消化不良的人特別適合。當地人認為，加了豆蔻可以暖胃、助消化，有點像是某麥茶廣告中所說，止嘴乾又不礙胃。

　　豆蔻咖啡非常適合飯後飲用，因為豆蔻自古以來就是印度阿育吠陀醫學中治療胃疾的重要香料與草藥，主要提升消化之火。豆蔻香氣帶有異國風情，在冬天的午後一個人喝，能趕走孤獨，帶來溫暖的感覺。

【 材料 】

咖啡豆	15g
豆蔻	1 顆
熱水	150ml

【 做法 】

1. 取 1 杯咖啡豆，加入 1 顆綠豆蔻一起研磨成粉。
2. 用熱水手沖研磨好的咖啡粉，即完成。

＊ 小叮嚀 ＊

　　一杯咖啡用一顆豆蔻，是調和濃淡剛好的比例，如果你特別喜愛豆蔻的香氣，也可以增加份量。如果覺得豆蔻氣味過濃，可以不與咖啡豆一起加入研磨器中研磨，在手沖咖啡時，再將豆蔻剝開，一起加進去沖泡。

053

肉桂皮與葉

超人氣的料理香味
（有益肝臟，舒緩糖尿病症狀）

肉桂是常見的香料，在許多甜食中常有這個香氣，尤其是加上肉桂香氣的卡布奇諾咖啡更是受到大家喜愛。市面上常見的肉桂香料大多磨成粉狀，有些講究一點的店家會將肉桂皮做成卷來販售，然而常用的肉桂香料有兩個品種，一是中國肉桂，另一種則是馳名世界的錫蘭肉桂。

中國肉桂，與錫蘭肉桂的品種相當接近，成分中所含的香氣都是以肉桂醛為主，但是中國肉桂皮較厚且硬，較容易可以買到的地方是中藥鋪。除了可以買到中國肉桂卷之外，還可買到切成碎塊的肉桂皮或肉桂的嫩枝。一般來說切碎的桂皮容易使用，可以加在各種滷包配方中，因為肉桂也是五香之一。

錫蘭肉桂，則較容易在超級市場或香料店買到，有磨成粉狀販售的，也有成卷販售。在錫蘭，因為奉行印度教而有種姓制度，有一種種姓世襲世代專職做肉桂皮的採收製造者，他們從樹上取下薄如紙的肉桂皮後，以精巧的手工將它捲成細密小卷，放在棚架下蔭乾，而不是以大太陽曬乾，如此才得以保存肉桂的香氣。

台灣也有土生土長的肉桂品種，統稱為台灣土肉桂，包括許多不同的品種，目前在花蓮、南投等地都有種植，且已經量產並成立產銷班。台灣土肉桂主要是取下葉片萃取應用，萃取物廣泛地製成許多日常生活用品，包括牙膏、洗髮精、沐浴乳等；乾燥的葉片經過發酵後，也被製成茶葉或釀製成酒。研究發現，台灣土肉桂萃取物有益肝臟，還能舒緩糖尿病症狀，是目前非常夯的保健植物之一。

＊ 肉桂應用 ＊

在中藥房買到的肉桂皮通常是切碎的，燉煮食物時，可以加一些在香料配方中，增添甜美又辛辣的香氣。若要做甜點，還是加入錫蘭肉桂粉比較對味。

我自己喜歡使用台灣土肉桂葉，生吃土肉桂的葉片時，除了有肉桂香氣，還帶點黏黏的甜味。在燉煮肉類時，加入數片乾土肉桂葉片可提味，或是將葉片揉碎，加入飲品中一起沖泡，再過濾飲用。

＊ 肉桂保存 ＊

市面上可以買到乾燥的土肉桂葉，不過你也可以像我一樣，在家門口種一顆土肉桂，需用時取下新鮮的葉片使用，或者在修剪枝葉時，將葉片收集起來，乾燥後用夾鏈帶包裝好，或放入密封罐中，在室溫下保存即可。

肉桂卷或肉桂皮，也可以在保持乾燥的情況下，在室溫裡存放超過一年的時間；但是肉桂粉較難在開封之後一直維持香氣，建議最好盡快用完。

▌ 肉桂植物小檔案

產地：錫蘭肉桂 / 印度、斯里蘭卡
　　　中國肉桂 / 中國
　　　台灣土肉桂 / 台灣
科屬：樟科
精油萃取部位：樹皮或葉片

▌ 肉桂精油主要香氣成分

· **錫蘭肉桂**
　芳香醛：肉桂醛
· **中國肉桂**
　芳香醛：肉桂醛
· **台灣土肉桂**
　芳香醛：肉桂醛
　酚：丁香酚

▌ 肉桂精油使用小 Tip

肉桂精油必須被稀釋才能接觸皮膚，這一點一定要謹記在心，因為它對皮膚有強烈的刺激性。不過，不用擔心食用肉桂，因為精油中所含肉桂醛的濃度要高許多。

肉桂精油是很好的抗菌劑，做家庭清潔非常有用，也能留下淡淡的肉桂香氣。你可以將肉桂精油滴在洗碗精中，在清潔食器時幫助殺菌。

肉桂精油用來處理肌肉痠痛的問題也很好，你可以在本書第二章（P086）中找到「香料浸泡油」的做法，自己製作一瓶肉桂油，當做肌肉痠痛的推拿油；或是將 1 滴肉桂皮精油，稀釋在 5ml 的植物油中，按摩痠痛部位，也能讓你享受到肉桂皮止痛放鬆的良效。

肉桂蘋果醬佐優格

增加食慾的甜品

　　無糖優格是近年來很風行的健康食品，單純地吃優格能吃到單純的奶香，吃久了還是會覺得無趣，加上一點自己製作的肉桂蘋果醬，能吃到蘋果的酸甜，還能嘗到肉桂的香氣，對於激勵消化系統很有幫助。在蘋果盛產的季節，快抓緊時機做一瓶肉桂蘋果醬吧！

【材料】

蘋果 2 ～ 3 顆（約 400g）
二砂糖 200g
肉桂皮碎塊 10g
無糖優格 100ml

【做法】

1. 將蘋果洗淨削皮，去芯，果肉切成小碎塊。不要使用調理機打成泥，這樣會失去口感。

2. 將蘋果放入鍋中，用最小火熬煮，同時可以加入肉桂皮碎塊一起加熱。

3. 此時需要持續攪拌，避免沾鍋或燒焦，隨著溫度上升，當果汁釋出後，可以開始加二砂糖，慢慢加慢慢攪拌讓二砂糖溶化，等蘋果變軟，整體呈現濃稠狀態就可以關火放涼。

4. 放涼後的肉桂蘋果醬可以裝進消毒過的玻璃瓶中，放進冰箱冷藏。

5. 想吃優格時，可以將肉桂蘋果醬加入無糖優格中，每 100ml 的無糖優格可以加 1 湯匙的肉桂蘋果醬，攪拌後食用。若家裡的小朋友嗜甜，可以多給一點蘋果醬也無妨。

＊ 保存方式與期限 ＊

　　肉桂蘋果醬放涼後裝入玻璃瓶中，貼上標籤寫上製作日期，放入冰箱保存，三個月是最佳嘗鮮期！

＊ 廚房中的多種應用方式 ＊

　　肉桂蘋果醬除了可以搭配煎餅食用，還能加入紅茶中調製成蘋果紅茶，調製冰茶也很不錯。除此之外，也可以成為烤蘋果派的內餡材料。

印度香料奶茶

飯後的消化飲料

吃過印度料理嗎？對於餐廳中提供的奶茶一定印象深刻吧！香醇的奶香加上辛辣的香料，讓舌尖有探險的感覺，想在家裡辦異國風情的下午茶趴踢，絕對不能少了這一味！

這杯奶茶除了好喝，還能幫助消化，提振消化之火，餐點吃的再多都不怕脹氣！

【材料】

紅茶茶葉 20g
水 800ml
二砂糖 30g
鮮奶 400ml
肉桂皮 3g
丁香花苞 5 顆
豆蔻 5 顆
黑胡椒粒 10 顆
薑 2 片
甜茴香 3g

【做法】

1. 準備兩個湯鍋，一鍋煮紅茶，另一鍋煮鮮奶。

2. 煮茶：以小火煮水，水開之後添加紅茶葉，加熱至茶湯顏色為紅褐色為止。將茶葉過濾後，茶湯備用。

3. 煮奶：以小火煮鮮奶，以水：奶為 2：1 的比例倒入鍋中，加入甜茴香、肉桂皮、黑胡椒粒、丁香花苞、剝開的豆蔻、薑片。須控制溫度勿讓鮮奶煮開，因為會使鮮奶中的乳脂肪與水分離，煮出來的奶茶口感會不夠滑順。等鮮奶溫熱且聞到香料味道後，即可關火。

4. 將茶湯與煮好的鮮奶混合，加入適量的二砂糖，即可飲用。

＊ 配料不同的變化 ＊

各種香料可以互相搭配。如果想多些辛辣感，可以增加黑胡椒與丁香花苞的量；如果想多些甜味，可以增加甜茴香的量；如果害怕八角味，可以把配方中的甜茴香去除。印度奶茶中不可或缺的配方是豆蔻，適當的添加量是：一杯奶茶加一顆豆蔻，味道才不會過度濃郁。

印度料理餐廳常在飯後提供一些香料加砂糖讓客人嚼食，稱之為印度口香糖。其實配方很簡單，就是豆蔻 1 顆、甜茴香少許、砂糖少許，飯後嚼時可以促進消化，又能幫助口氣清新，不喜歡薄荷糖的人可以試試看。

丁香
辛辣火熱的滋味
（潔淨口腔、幫助骨骼成長、減壓、助消化）

乍看丁香這個名字，很多人都會聯想到紫丁香這首歌，我也常常被學生問到兩者是否相同。這兩種丁香都有香氣。香料界中的丁香，是桃金孃科的植物（桃金孃科植物在台灣最常見的就是芭樂和蓮霧兩種水果），它也是花，在剛成熟尚未開花時，就被採下乾燥而成的。在中藥裡稱丁香花苞為公丁香，而其種子為母丁香（又稱雞舌香）。乾燥的丁香花苞長相像釘子，它的英文名稱字源原意也有釘子的意涵。

丁香花苞，是歷史上非常著名的香料。西班牙人、荷蘭人、英國人前仆後繼地來到東南亞地區的摩鹿加群島，尋找的香料其中之一就是丁香花苞。在摩鹿加群島上，原住民的習慣是家中每添一名男丁，就會在家族屬地上種植一棵新的丁香樹苗，因此島上的每一株丁香樹都有家族歷史。可想而知，當歐洲人登陸想要取得丁香香料，甚至爭奪丁香樹的經營權時，曾經造成多大的衝突。

丁香花苞的香氣並不討喜，在大部分人的心目中，它的香味會讓人聯想到牙科診所，因為牙科所用到的麻醉消炎藥中，含有丁香花苞的主要成分─丁香酚。在課堂上，每當讓學生聞到這個丁香花苞精油的香氣，大家總是皺著眉頭，嘴裡嚷著想起看牙的恐怖記憶！丁香花苞精油的香氣雖然不討喜，卻有很好的麻醉效用，當夜深人靜牙痛的時候，一滴丁香花苞精油能把你從地獄解救到平靜的天堂。

丁香花苞乾燥後磨成粉，因為裡面含有豐富的礦物質錳與鈣，攝取後能幫助骨骼成長。此外，豐富的礦物質也能幫助神經系統對抗壓力，並且幫助消化，也是很棒的減壓食物。

cloce bud

＊ 丁香應用 ＊

　　丁香也屬於五香的一種，加在綜合滷包中可以做出很棒的滷味。磨成粉的丁香帶有辛辣火熱的氣息，嘗起來略帶苦味，加進絞肉中可以去除肉的腥味，做成肉燥或是做漢堡排都很適合。

　　丁香也能做成甜點，加入蘋果派中有提味的功效。若你喜愛它的辛辣感，也可以加在柳橙或葡萄果醬中增添風味。我自己最喜歡將丁香加在熱奶茶中做成香料奶茶，在冷風颼颼的寒夜來上一杯，真能讓人身心同步感到溫暖。

　　丁香也是口腔潔淨的中藥香料，將乾的丁香花苞泡在蒸餾酒中放置一個星期，過濾掉丁香花苞後，在浸泡酒中加入數滴茶樹精油，就可以製成不含人工色素、人工香料、界面活性劑與環境賀爾蒙的漱口水。你只需要在每一杯漱口水中加入 2ml 的丁香浸泡酒，用來漱口潔淨口腔，可以減少口腔異味與口腔感染，帶給你乾淨舒爽的早晨！

＊ 丁香保存 ＊

　　市面上非常容易買到乾燥的丁香花苞，在超級市場的香料櫃上或是中藥房裡都買得到，你只需要保持乾燥、密封好，放在櫥櫃中可以保存很長一段時間。

　　若需要丁香粉末，建議在需要的時候才研磨，以免損失丁香的香氣。

▋丁香植物小檔案

產地：印尼
科屬：桃金孃科
精油萃取部位：花苞

▋丁香花苞精油主要香氣成分

・ **酚**
　丁香酚
・ **酯**
　乙酸　品烯酯
・ **單萜烯**
　檸檬烯

▋丁香花苞精油使用小 Tips

　　丁香花苞精油具有大量的丁香酚，在抗感染與抗菌上的效果非常卓越，同時也是很好的麻醉止痛成分，在牙醫診所也大量應用，因此氣味也廣為大家熟知。牙痛時，可以將一小滴的丁香花苞精油沾在棉花球上，塞進蛀牙洞中，可以立即發揮止痛的效用，當然止痛只是暫時，隔天早上請務必要去掛號看牙醫！

　　你也可以把丁香花苞精油製成濃度 5% 的噴霧，隨身攜帶，使用公共廁所時，噴灑在馬桶坐墊上，再用面紙擦拭乾淨，就可以淨化坐墊，以後上公用廁所時就不必再練功半蹲了！

香料風味糖

自然甜味劑

　　香料風味糖可以在一些大型超市中買到，通常包裝精美，價格也很昂貴，類似的香料糖或是香料鹽，都是國外送禮的好題材。其實香料糖的材料很簡單，也很便宜，但需要花一點時間與巧思，不管是送禮或是自用，為了美好的生活，很值得花一點時間，為自己的料理台上增添一瓶自製的香料風味糖。不過要小心存放在小孩拿不到的地方，因為小孩一旦嘗過它的滋味，可能會常常找機會潛入廚房偷吃！

【材料】

香料：丁香花苞 10 顆、肉桂皮 5g、豆蔻 10 顆
甜橙精油 5 滴
一般冰糖或咖啡冰糖 50g
乾淨的玻璃瓶 1 個

【做法】

1. 準備一個乾淨的玻璃瓶。

2. 將豆蔻剝開，將種皮與種子都留下，與丁香花苞、肉桂皮混合。

3. 以一層冰糖，一層香料（包括丁香花苞、肉桂皮、剝開的豆蔻），再一層冰糖的方式重複放進玻璃瓶中，裝至八分滿，最後滴入 5 滴的甜橙精油。

4. 蓋上瓶蓋，搖晃瓶身，使冰糖與香料均勻分佈即可，需靜置在陰涼處一週時間方可取出使用。

＊ 保存方式與期限 ＊

　　香料風味糖可以在室溫下存放超過半年時間，但隨著時間流逝，香氣也會流逝，所以請把握時間盡早食用完畢。

＊ 廚房中的多種應用方式 ＊

　　香料風味糖可以作為咖啡、奶茶等飲品的加味糖。使用時只需要依照個人喜愛的甜度加入飲品中即可。香料風味糖也可以用來燉煮肉類，包括豬腳、牛腱、豬肉等，用來做滷味的調味也很適合。你也可以將香料風味糖煮成焦糖或糖漿，淋在布丁或奶酪上，也能製成一道帶有香料風味的特色點心。

丁香柳橙醬佐麥芽糖餅乾

暖呼呼的香料果醬

丁香柳橙醬是個非常適合冬天使用的果醬，除了搭配煎餅之外，也能搭配各種餅乾，此外還可以加在紅茶中做成水果茶，風味很特別。最近家裡的小孩迷上了夾有麥芽糖的古早味圓餅乾，但直接吃又覺得太甜，沾上一點丁香柳橙醬後，古早味的小孩零食，頓時有了大人的成熟風味。如果你喜歡酸甜略苦又帶辛辣香氣，一定要嘗試看看。

柳丁 10 顆
二砂糖 250g
丁香花苞 20 顆
蘋果 1 顆
餅乾（依個人喜好
選擇種類）適量

【做法】

1. 將柳丁洗淨從腰間對切，用小湯匙將果肉挖出備用。 若能買到無毒柳丁，可用刨刀將柳丁的果皮刨成絲備用。

2. 將蘋果洗淨去皮去芯後，切成小丁。

3. 開小火熬煮柳丁果肉與蘋果丁，同時加入丁香花苞一起煮。因為柳丁的含水量很高，因此不需要加入任何的水分，隨著果汁慢慢釋出，可漸次加入二砂糖攪拌。需要使用的二砂糖量是依個人喜愛的甜度決定。建議你每放一些二砂糖，就常嘗嘗看醬料的甜度是否足夠，再決定是否繼續放二砂糖，但二砂糖放得不夠多，果醬可能會不夠濃稠。

4. 等到水分收斂有濃稠感後，放入少許刨好的柳丁皮，稍微攪拌就可以關火放涼。

5. 放涼後裝進玻璃瓶中，放入冰箱中冷藏。

6. 以小缽成一些果醬，將餅乾擺盤，吃的時候用小湯匙把果醬舀到餅乾上一起吃，就能成為特別的下午茶點心。

＊ 保存方式與期限 ＊

放涼後裝入玻璃瓶中，貼上標籤寫上製作日期，放入冰箱保存，三個月是最佳嘗鮮期！

＊ 小叮嚀 ＊

以湯匙將果肉挖出是快速去柳丁白皮的方式，可以讓柳丁果醬吃起來不苦。如果加一點柳丁皮，會增加香氣，但也可能會有一點苦味。

如果感覺果醬不夠濃稠，可以多放半顆切碎的蘋果，以蘋果的膠質來幫助產生濃稠感。也可以加上麥芽糖一起熬煮，麥芽糖能增添濃稠的感覺。

我自己喜歡用黃色的台糖二號砂糖，是未精製的糖，還保留有糖的原色與甘蔗的營養成分與香氣，除了能嘗到甜味，也比較有層次感的味覺感受。

丁香牛奶

不再睡不著

失眠，幾乎是每個人都曾經歷過的經驗，在一天的辛苦工作之後，若能享受深沈安穩的睡眠，就能徹底消除疲憊。一杯熱呼呼的飲品，對助眠的效用雖然沒有科學實證，但卻可以在孤獨醒著的夜晚，給每一個失眠的人一點安慰，一點溫暖。

如果你的失眠和晚餐的食物有關，丁香牛奶應該可以給你很大的幫助。晚餐如果吃了太過厚重的食物，或是吃得過飽，身體花了很大的能量去消化食物，非常容易影響當晚的睡眠品質。丁香花苞的辛熱，可以提振消化之火，讓消化系統加快火力把食物消化完畢，還給你一個清爽的夜晚。

【 材料 】

鮮奶 250ml

丁香花苞 2 顆

【 做法 】

1. 在小鍋中加入鮮奶， 以 1 杯鮮奶，加入 2 顆丁香花苞的量的比例調配。

2. 開小火煮熱鮮奶，等丁香花苞的香氣釋出後就可以關火。喝的時候小心燙口。

香料熱巧克力
喝了就愉快

　　熱巧克力除了具有暖身的作用之外，也能帶來愉快的情緒，尤其在女性遇到生理期時，加了香料的熱巧克力還可以舒緩疼痛，穩定情緒，讓女性能愉快地度過每個月一次的生理考驗。

【材料】
巧克力塊（或巧克力粉）10g
鮮奶 150ml
丁香花苞 2 顆
肉桂皮 2 小塊
黑胡椒粒 5 顆

【做法】

1. 若使用巧克力塊，將巧克力放入鍋中，以小火隔水加熱至融化。要注意不要燒焦，必須要一直攪動或者將鍋子適時從爐火上拿開。

2. 巧克力融化後加入鮮奶一起加熱，同時加入 2 顆丁香花苞、2 小塊肉桂皮以及 5 顆黑胡椒粒一起加熱，等聞到香料氣味後就可以關火起鍋。

＊ 小叮嚀 ＊

　　以隔水加熱的方式融化巧克力比較不容易把燒焦，是一種比較穩當的加熱方式，各種需要融化的東西：例如奶油等，都可以這樣的方式加熱融化。

069

薑黃

黃色的保健調味料

（有益心血管、保持青春體力、止痛、利胃、清血、抗血脂、穩定血糖、代謝抗
自由基、抗腫瘤）

在印度料理中，薑黃是不可或缺的重要調味，也是印度咖哩的顏色來
源。直接生吃，嘗起來略帶甜味與辛香，但沒有生薑的辛辣。

薑黃原產地在南亞地區，是薑科多年生的植物。地下莖充滿香氣，能
提煉精油，會開白花，喜愛生長在炎熱潮溼的氣候，喜愛多水的土壤，但
土壤的排溼能力也要好。

常有人把薑黃誤認為鬱金，事實上薑黃、鬱金與蒁藥是三種不同的植
物，三者都可應用地下莖做料理或藥用，但是藥用方向略有不同。選購時，
可以問清楚自己買到的是什麼品種，不過因為薑黃與鬱金混種的情況很多，
有時候賣給你的店家也不一定清楚它是哪一種。一般來說鬱金的地下莖，
它的顏色比薑黃更顯黃橙，氣味更重，如果兩種不同時比較，有時很難分
別出來。總之都是能吃的東西，其實也不用太計較。

＊ 薑黃應用 ＊

人們應用它的地下莖做料理，也做為藥用。在印度的阿輸吠陀醫學中認為，薑黃有利於心血管功能，也能幫助人們保持青春與體力。在中醫中也用到薑黃，認為可以行氣止痛，利胃保護粘膜。現代醫學研究發現，薑黃中富含有薑黃素，能清血抗血脂，也具有抗自由基、抗腫瘤的功能，因此被應用在許多預防醫學與健康食品中。

在家裡我喜歡把新鮮的薑黃磨成泥，加入咖哩中煮食，能為咖哩帶來一種特殊的清新香氣，也會讓咖哩的顏色比較亮黃，看起來變得更好吃。

我也曾用新鮮的切片薑黃取代薑片來炒菜，尤其適合炒油菜或是小白菜等十字花科的蔬菜，少了一點薑味，卻多了一點香料氣息。而且據說咖哩與十字花科蔬菜一起烹煮，能讓薑黃素的抗氧化的效果加倍，對健康十分有益。

薑黃也能作為植物染的原料，所以吃印度咖哩時萬一不小心滴在淺色衣物上，如何洗淨是十分傷腦筋的問題。

Turmeric

＊ 薑黃保存 ＊

每年秋冬是採收薑黃的季節。採收下來的新鮮薑黃地下莖，將土壤剝離後，放在通風處晾乾，就可以包裝起來收藏在冰箱裡冷藏。如果希望採下來的薑黃可以作為下一季的種，則不需要冷藏，直接放在陰涼處收藏，待它自行發芽就可以放在土壤中種植。

種植薑黃需準備排水好的土壤，混一點砂質土更好；或是利用市面上賣的園藝土壤，加上多一點的堆肥腐質就是很好的種植介質。家庭種植請選擇深盆，這樣可以增加地下莖生長的空間。第一次種下時只需要加六分滿的泥土，等葉子長出來，而且苗壯以後，就可以施放一些有機肥，再加入土至八分滿，等土壤摸起來乾燥時再澆水，等待秋天薑黃開花後採收地下莖！

■ 薑黃植物小檔案

產地：南亞
科屬：薑科
精油萃取部位：地下莖

■ 薑黃精油主要香氣成分

· **倍半萜烯**
　薑黃烯

■ 薑黃精油使用小 Tips

薑黃精油，是以薑黃的地下莖蒸餾萃取而來的。其中含有豐富的薑黃烯，這個成分已被證實具有非常好的消炎作用。長久以來薑黃精油是很好的皮膚消用油，可以處理因過敏或是神經性的皮膚炎。如果面皰發炎，不用擔心，以 1 滴薑黃精油稀釋在 5ml 的植物油中，每日塗抹四次，就能幫助消炎，還你美好的容顏。

薑黃牛奶
維持青春好體力

大多數的香料來自植物的種子或根莖部位，除了有豐富的香氣，還含有豐富的營養成分，薑黃也是。

薑黃，除了有豐富的香氣化學成分之外，它所含的薑黃素能幫助穩定血糖，還可以預防脂肪肝，也利於心血管保養，對於有代謝症候群的人來說是很棒的營養補給品。

研究顯示薑黃有益於糖尿病患者，一天一杯薑黃牛奶有助於穩定血糖，還能維持好體力。薑黃在新的醫學研究報告中也指出有益於抗自由基、抗氧化，就算不是糖尿病友，薑黃牛奶是讓你身體維持青春活力的好食物。

【材料】
薑黃粉 5g
鮮奶 150ml

【做法】

1. 若你買到的是乾燥薑黃粉，將鮮奶熱過後，加入 1 湯匙的薑黃粉，攪拌均勻即可飲用。

2. 若你買的是新鮮薑黃塊根，洗淨後磨成泥，在加熱鮮奶的時候，一併加入鍋中攪拌，等鮮奶夠熱時就可以關火。

＊ 小叮嚀 ＊

市面上有販售磨好的、乾燥的薑黃粉以及新鮮的薑黃塊根，兩者都可以食用。新鮮薑黃的香氣較為清新，帶有一點果香；乾燥薑黃較有香料的濃厚氣味，兩者各有不同風味。

＊ 保存方式 ＊

乾燥的薑黃粉應裝在密封的瓶子裡，保持乾燥，放在陰涼處。新鮮的薑黃應避免潮溼，需要用時再清洗，平時可保存在陰涼通風處。但新鮮的薑黃會發芽，梅雨季節溼度較高，接觸空氣就可能直接發芽，可以用餐巾紙包好，裝入塑膠袋內冷藏，可延長保存時間。

＊ 自己栽種 ＊

自己栽種薑黃是非常容易的事情，順利的話還可能在秋末欣賞到美麗的薑黃花。把發芽的薑黃放到土裡，上面需蓋上五公分厚的土壤。種植薑黃的重點在於收穫地下根莖部位，所以若以盆種，需要較深的盆子；若直接栽種土壤中，請將土壤掘鬆再種植，會讓薑黃長得比較好。其他栽種上要注意的是，排水良好的土壤可讓薑黃較不容易腐爛；定期施予有機肥，也可以幫助薑黃長得更好；薑黃不需要每天澆水，待土壤摸起來乾燥後再澆水即可。

　　薑黃是印度咖哩的重要配方之一，也是咖哩的主要顏色來源。不論是新鮮或乾燥的薑黃粉，都可以加入咖哩中，成為增添風味的一味香料。你也可以把新鮮薑黃磨成泥後，煮成醬汁，用來染天然棉布，可以染出自然的黃色。除非在烈日下強烈曝曬，否則顏色可以很持久！

黑胡椒

最家常的調味料

（促進新陳代謝、暖身、舒緩肌肉痠痛）

　　黑胡椒應是所有香料中最常見的，
幾乎家家戶戶餐桌上都會有黑胡椒作為
佐餐的調味香料。在許多料理中也廣泛的
應用這個香料，但你知道嗎？黑胡椒的價值曾經
媲美黃金，還曾經是歐洲皇家發給騎士或領主的薪水，也曾是貴族間兒女
嫁娶的聘禮！

　　黑胡椒的原產地在印度，是一種藤蔓植物所結出的果實，果實是串生
的，因此成串採收。黑胡椒普遍的應用在印度的料理中，帶給料理無限的
好滋味。當歐洲人第一次透過阿拉伯人陸上貿易嘗到黑胡椒的滋味後，就
再也吃不下不加胡椒的牛排，可見黑胡椒在飲食中的魅力有多大。它讓歐
洲人願意冒著海上不可知的風險，也要向外探尋黑胡椒的產地，希望可以
獲得更多的黑胡椒。也因為這樣開啟了航海冒險的風氣，因此黑胡椒被認
為是一種能增加冒險精神，讓人勇敢嘗試新鮮事物的開創精油。

　　目前黑胡椒最佳的品質產地，除了印度之外，還有馬達加斯加，而世
界上產量最大的地方則是越南，能在賣場中買到的胡椒粉多半是越南出品。
精油的產地，則以印度與馬達加斯加為多，因為香氣濃郁，品質上好。

　　市售的胡椒有很多種類，有黑胡椒、紅胡椒、綠胡椒與白胡椒。其中
紅胡椒通常不是來自藤蔓的胡椒，而是來自漆樹科的加州胡椒或是巴西胡
椒，所以通常紅胡椒看起來比較大顆，香氣沒那麼濃，也不辣；綠胡椒是
未成熟的胡椒，以冷凍乾燥的方式處理，保留它的顏色，氣味清淡，帶有
果實香氣；黑胡椒也是未成熟的胡椒，經水洗後曬乾而成；白胡椒則是成
熟的胡椒，清洗後，經發酵後去皮，香氣最重也最辣，是台式酸辣湯與鹽

酥雞不可或缺的調味。

　　我家的餐桌上會放置兩種黑胡椒，一種是研磨成粉的黑胡椒鹽，這是偷懶用的；另一種是需要現磨的黑胡椒顆粒，要品嘗這個香氣需要出點力氣。任何餐食撒點胡椒，吃在口裡微微辣，吃到胃裡暖暖的，餐點飽足了身體，香氣也飽足了靈魂。

Black pepper

* 黑胡椒應用 *

　　無所不用，只要你喜歡，什麼餐點都能加點胡椒。根據我兒子熱愛創意料理的經驗，黑胡椒汽水也蠻好喝的，還有助於消化！

* 黑胡椒保存 *

　　顆粒狀態的黑糊椒比較能保存香氣，需要時再研磨使用。若已經磨成粉末，需保存在密封的玻璃瓶中，就能維持較久的香氣。

▌黑胡椒植物小檔案
產地：印度、馬達加斯加、越南、印尼
科屬：胡椒科
精油萃取部位：果實

▌黑胡椒精油主要香氣成分
· **單萜烯**
　檸檬烯
　松油萜
· **倍半萜烯**
　丁香油烴

▌黑胡椒精油使用小 Tips
　　黑胡椒精油有紅皮作用，會激勵發汗，用來泡澡很適合，可以促進新陳代謝。將 3～5 滴黑胡椒精油加在 1 小杯牛奶中稀釋，再倒入泡澡水中就可以。
　　黑胡椒精油有暖身的效果，是很適合冬天的暖身用油。也可以舒緩肌肉痠痛，對於天天做家事勞動的母親來說，是很好的放鬆肌肉用油。

香料油拌鴻禧菇

香辣有勁的家常小菜

可以作為一道小菜，也可以成為夏日輕食。多一點香辣香料氣味點綴，刺激食慾，飽足開胃。

【材料】
四川勁辣香料油 10ml(黑胡椒粒 30 顆、花椒 30 顆、乾辣椒（可撕開）2 條、乾燥蒜片 5g、乾燥薑片 5g，搭配冷壓芝麻油 100ml)
鴻喜菇 1 包
鹽 1 茶匙

【做法】

1. 將鴻喜菇去掉蒂頭，清洗後瀝乾。

2. 以水汆燙鴻禧菇至熟，撈起瀝乾。

3. 將四川勁辣香料浸泡油淋在鴻禧菇上，加上 1 茶匙鹽一起拌勻。

＊ 小叮嚀 ＊

鹽分可以自由調整，依個人口味決定要放多少鹽。

很多菇類都可以透過這樣的方式涼拌，盡量選擇香氣不要那麼重的菇類，比較能品嘗到香料油的氣味。

花椒
川味的靈魂
（刺激食慾、降血壓、有益消化系統、除濕解毒、止痛）

　　近年來非常流行吃麻辣料理，花椒成為重要且常見的香料。在神農本草經中記載，秦代時就已經生產花椒，顯示秦代就開始應用野生的花椒入菜或入藥，應用歷史很長，而且是中國的原生香料。

　　花椒為芸香科的灌木，春季時會增生嫩芽，可以入菜。稍微汆燙過後，可以涼拌著吃，口感清脆，帶有一點點辛辣，能刺激味蕾，是開啟新生的春饌。果實成熟後曬乾會有裂紋，內含一顆種子，因為富含有濃厚的香氣，一直都是川菜中很重要的調香聖品。

　　由於花椒樹開花繁茂、結果累累，在古代象徵多子多孫的好吉兆，成為帝王皇室看重的子孫繁衍的象徵，因此古時後宮妻妾會將花椒磨成泥，塗滿牆壁，將該房間稱為椒房，希望能夠順利懷有龍種，為皇室繁衍子嗣。

　　古時也用花椒泡制酒，認為這樣的酒喝了可以使人健康到老。

sichuan pepper

* 花椒應用 *

近年因為川菜的流行，四川地區花椒的種植範圍越來越大，從前用來當作圍籬栽種的花椒，一躍成為餐桌上最夯的香料。

花椒的香氣可以刺激唾液分泌，能激勵食慾，也能消除肉類的腥羶味，作為牛羊肉的調味料十分適合，無論燒烤或燉煮，都能提振肉品的香氣。時下最流行的麻辣料理中，花椒就是其中不可或缺的重要香料。

花椒也有食療效用，中醫醫典中認為花椒能使血管擴張，能降血壓，也能除去寄生蟲，有益消化系統，對身體能有除濕、解毒、止痛的效用。

* 花椒保存 *

乾燥的花椒粒可存放在陰涼乾燥的地方，以夾鏈帶包裝好，或者放入密封罐，都是很好的保存方式，不需冷藏。

▌花椒植物小檔案

產地：中國
科屬：芸香科
精油萃取部位：果實

▌花椒精油主要香氣成分

· **倍半萜烯**
  花椒烯
  沒藥烯
· **單萜烯**
  檸檬烯
  水茴香萜

▌花椒精油使用小 Tips

花椒精油有益消化，也有抗感染的效果，尤其可以防止消化系統感染。傳統中式偏方，是飲用花椒水，你可以將 2 滴花椒精油調製在 10ml 植物油中，按摩消化不良的肚子，很有幫助。

花椒精油也能促進循環，具有暖身效果，冬天拿花椒精油泡澡也是不錯的選擇。不過有可能因為香氣太棒了，引起想吃宵夜的副作用，這一點請大家小心！

花椒宮保炒高麗菜

多一些嗆辣滋味

高麗菜是台灣常吃的蔬菜，清脆爽口又帶有甜味，非常受大家喜愛，只需要加一點蒜頭清炒，就可以嘗到蔬菜的原味。但是有時候清淡的口味也會吃膩，不如試試炒高麗菜時，加入少量的花椒，一點點嗆、一點點辣，再加上一點點的清甜，花椒宮保炒高麗菜也會是餐桌上的亮點！

【材料】

高麗菜 1/4 顆
蒜頭 2 瓣
花椒 10 顆
乾辣椒 1 條
鹽 適量

【做法】

1. 將高麗菜洗淨，用手剝成適口大小，家裡若有小孩子可以將菜葉處理得更小片一些，以方便小孩食用。

2. 起油鍋，爆香拍碎的蒜頭、花椒與剝成片狀的乾辣椒。

3. 花椒與辣椒的香氣出來之後，就可以放入高麗菜。

4. 翻炒高麗菜至高麗菜熟後，加入適量的鹽，拌勻即可

❋ 小叮嚀 ❋

如果怕太辣，可以減少乾辣椒的量，或者在爆香的時候先不加入乾辣椒，等花椒與蒜頭有香氣之後，再加入乾辣椒與高麗菜一起拌炒。

❋ 廚房中的多種應用方式 ❋

除了高麗菜之外，空心菜也是個很適合與香料一起清炒的蔬菜，口感清脆又能融入香料的香氣，是夏季很好的開胃蔬菜。

香料回味火鍋

香而不辣

相聚時刻沒有比火鍋更加對味的食物了。三五好友或是家人共聚一堂，就著一鍋熱騰騰的食物，邊吃邊聊，邊吃邊煮，談笑中溝通了情感，也共享了美食。

這個香料包的配方，源自某次在餐廳中品嘗當時流行的香料火鍋。當眾人大快朵頤時，我卻入迷的在湯中撈取香料，一顆顆的咬著、嚼著，嘗試不同的香料滋味。回家後拿出抽屜裡庫存的香料，憑著感覺調味，調出了大人小孩都愛的這個配方。這個配方香氣有餘，卻不會辛辣，連小孩都會喜歡這個香氣。

【湯底材料】

香料包： 肉豆蔻 2 顆、白豆蔻 5 顆、小茴香 2 茶匙、黑胡椒粒 10 顆、花椒 10 顆

配料：
蔥 1 支
薑 3～4 片
蒜頭 5 瓣
白胡椒粉 2g
紅棗 5～6 顆
枸杞 1 湯匙
帶殼龍眼乾 5 顆
雞高湯或蔬菜高湯 2000ml

【火鍋材料】
依你喜歡吃的海鮮、肉品或蔬菜，自由搭配。

【做法】

1. 準備一個布包或茶包袋，將香料包的材料放入後封口。（其中肉豆蔻較大顆且硬，可以先敲開成兩半後，再放入布包中。）

2. 將雞高湯倒入鍋中約六分滿，把香料包與配料都放入雞高湯中，開火讓香料的氣味釋放，等湯滾後可以放入你喜歡的火鍋材料。

3. 當火鍋材料煮滾後就可以開始享用熱騰騰的香料火鍋。

＊ 小叮嚀 ＊

你可以先將火鍋料中不容易煮熟的材料放入，可以耐熬煮的蔬菜也可以先放入熬煮，這樣做能增加高湯的鮮甜。

肉品與海鮮等要吃的時候再燙熟就好，以免過熟而肉質老化。

＊ 保存方式與期限 ＊

平時也可以先製好香料包，前提是得使用乾燥的香料。包裝好之後，用夾鏈帶封好，可放在冰箱中存放約三個月的時間。我會用這樣的儲放方式，為遠在台北的妹妹準備好香料，讓她在假日方便煮食。不過因為她的消耗速度飛快，真的沒機會讓香料包放在冰箱超過三個月。

　　這個香料包，除了可以做火鍋湯底之外，也可以用來燉煮各種肉類食品，不管是排骨、雞腿或是牛腱都行。如果其中有某一種香氣你不喜歡，直接拿掉也無妨，因為香料配方不是藥方，不需要擔心缺方會有什麼問題，只需要在意自己是否喜歡這個香氣與口感就好。

＊ 香料哪裡買 ＊

　　大多數的香料，除了在大賣場或超級市場的香料貨架上可以找到之外，也可以在中藥房買到。只要正確說出香料名稱，走一趟中藥房幾乎就能買齊所需的香料。

八角茴香

聞得到新鮮的果香（暖胃、促進消化）

　　台灣所稱的八角，實際完整名稱應為八角茴香，但它卻不是繖型科植物，而是來自木蘭科樹木上所結出的果實。

　　八角茴香是一種戀家的植物，只生長在中南半島及東亞地區，難以被移植到其他區域。它是一種高大的樹木，平均可生長至九公尺高。因為果實的香氣濃郁，很早被中國人發現可加在料理中增添風味，甚至能入藥，成為一種中藥材。在中式料理中，八角茴香是五香中不可或缺的一香。十六世紀被引進歐洲後，也廣受歐洲人的喜愛，成為酒類的調香劑。

　　目前市面上可以買到的八角茴香精油，多採集自綠色未曬乾的果實，蒸餾後除了有我們所熟悉的八角香氣之外，還帶有一點生澀的新鮮果實香氣。

Anise star

✳ 八角茴香應用 ✳

　　各種中式的滷肉，只要加上一兩顆八角茴香，就會滷出別於蔥燒醬燒的香氣。也有人會把它與紅茶一起沖泡，泡出來的香料茶可以暖胃，還能促進消化。

　　把八角茴香磨成粉末，與黑胡椒粉、白胡椒粉、海鹽加在一起，可以調出有甜味的胡椒鹽，用在各種炸物料理中，十分對味。

✳ 八角茴香保存 ✳

　　乾燥的八角茴香容易保存，可直接存放在夾鏈袋或者密封罐中，將之放置在陰涼乾燥處就可以，不需要冷藏。

▌八角茴香植物小檔案

產地：越南、中國
科屬：木蘭科
精油萃取部位：果實

▌八角茴香精油主要香氣成分

・ **氧化物**
　1.8 桉油醇
・ **醚**
　洋茴香腦
・ **單萜烯**
　檸檬烯
　蒎烯
　水茴香萜

▌八角茴香精油使用小 Tips

　　八角茴香精油在芳療中應用較少，但在香水工業中應用很多，是調製東方神秘香氣的重要成分。如果你有機會買到八角茴香精油，可以試著為自己調配香水，增添神秘魅力。

香料浸泡油

換油做料理

香料浸泡油是非常實用的廚房調味料，選用自己喜歡的香草植物或是香料，用冷壓植物油浸泡，可以讓香料的香氣完全融入植物油中，透過油的稀釋也能讓香料較強的辛辣氣味變得圓融。

事先準備好香料浸泡油，在做菜時可以更方便地將香料的香氣入菜，就算是簡單的家常菜，換一種植物油做料理，就能帶來不同的驚喜滋味。

【湯底材料】

冷壓植物油：冷壓芝麻油或冷壓橄欖油 100ml
香料：黑胡椒、花椒、甜茴香、八角茴香、小茴香、丁香花苞、杜松漿果、肉豆蔻、辣椒、蒜頭、薑 共 20 顆
香草植物：迷迭香、羅勒、百里香、野馬鬱蘭 各適量
附蓋的玻璃空瓶 1 個

【做法】

1. 將選用的香料組合，放入乾淨、烘乾的玻璃瓶中（每 100ml 的冷壓植物油約可加入 20 顆香料）。

2. 將植物油倒入玻璃瓶中，約八分滿。

3. 蓋上瓶蓋，稍微搖晃，讓每一顆香料沈入植物油中即可。

4. 將玻璃瓶靜置在陰涼處約二週時間，就可以取出使用。

5. 香料浸泡油可以當做日常使用的料理油，能煎煮炒，也可以作為涼拌用油。

＊ 小叮嚀 ＊

若選用香草植物做浸泡油，需先將新鮮香草植物洗淨、擦乾，放入烤箱，以低溫60 ～ 80℃烘烤至半乾狀態，或者直接選用乾燥的香草植物來製作香料浸泡油，可避免香草植物的水分引起發霉。

乾燥的香草植物可直接放入玻璃瓶中，約放五分滿即可，再將植物油倒入玻璃瓶中約八分滿，要記得讓所有的香草植物都被植物油淹過，這樣可以避免香草植物發霉，因而影響浸泡油的品質。

＊ 保存方式 ＊

香料浸泡油的保存期限與植物油的保存期限一樣長，不需要冷藏，只需常溫置放在陰涼處就可以。若希望浸泡油的香氣不要過濃，就在你覺得味道最好的時候，將香料全部取出就可以了。

　　你可以依照自己喜歡的香氣，去搭配香料與香草植物，調配出喜歡的香料浸泡油，以下是我自己曾經做過且很喜愛的浸泡油配方，提供給大家參考。

＊ **地中海風**：乾燥迷迭香 5g、乾燥羅勒葉 3g、乾燥百里香 3g、乾燥蒜片 5g、杜松漿果 10 顆、黑胡椒粒 20 顆，搭配冷壓橄欖油 100ml。

＊ **台式風味**：乾燥蒜片 5g、丁香花苞 10 顆、甜茴香 5g、八角茴香 5 顆、黑胡椒粒 20 顆，搭配冷壓芝麻油 100ml。

＊ **中東風情**：小茴香 10g、肉豆蔻（可先敲開成數塊）5 顆、丁香花苞 10 顆、黑胡椒粒 20 顆、野馬鬱蘭 3g，搭配冷壓芝麻油 100ml。

＊ **四川勁辣**：黑胡椒粒 30 顆、花椒 30 顆、乾辣椒（可撕開）2 條、乾燥蒜片 5g、乾燥薑片 5g，搭配冷壓芝麻油 100ml。

　　香料浸泡油用來煎、煮、炒都很適合，中式料理與西式料理都可應用。

　　如果你願意相信芳香療法與按摩的益處，香料浸泡油還可以用來處理跌打損傷與痠痛問題，可當作很好的按摩基底油！

肉豆蔻
高貴的調味香料（改善脾胃虛寒）

　　肉豆蔻，原產於香料群島的熱帶植物，它的香氣曾經引發歐洲人的狂熱追求，葡萄牙人與荷蘭人一路追尋到了印度洋，發現香料群島之後，壟斷了肉豆蔻的輸出，也使肉豆蔻成為人人追求的夢幻香料。肉豆蔻的英文俗稱意思是「麝香味的堅果」，在歐洲曾經價值不菲，500g 的肉豆蔻可以換得三頭羊，能在料理中品嘗肉豆蔻的人，一定具有高貴的地位與不凡的經濟力。

　　在歐洲曾經流行一種苦艾酒，這種酒喝了能讓人很快的醉倒，進入夢幻的國度中，忘卻煩憂，除了苦艾之外，肉豆蔻也是重要的製酒香料之一。

　　肉豆蔻在印尼與馬來西亞地區的傳統用法，除了應用於飲食中，也會提煉肉豆蔻油，製成祛風藥油或是跌打損傷用的萬金油。

Megnut

✳ 肉豆蔻應用 ✳

　　在傳統的瑞士乳酪火鍋中與義大利的白醬料理中，都能嗅到肉豆蔻的芳蹤。由於肉豆蔻的參與，讓這一類乳香濃郁的料理增添濃而不膩的香氣。磨碎後的肉豆蔻，種皮與種子常被加在絞肉中，是漢堡肉的香氣來源之一。而在中式料理中，你可以在回式料理火鍋中看到肉豆蔻種子，也可能在清燉牛肉鍋中看見肉豆蔻，它是一種很能與肉類食物共同烹調的香料。而能去除血腥味，帶來清燉的奶香湯頭。

　　在中醫的醫典中記載，肉豆蔻能益脾胃與大腸經，治療脾胃虛寒。疲累時，我喜歡喝一碗有肉豆蔻香氣的清燉牛肉湯，喝了後不僅能暖身，甚至能感受到身體細胞舒張的舒服感受。

✳ 肉豆蔻的購買與保存 ✳

　　乾燥的肉豆蔻最容易購買的地方是在中藥房，你可以請中藥房老板幫你挑顆粒飽滿且略具重量的種子。以夾鏈袋或密封罐保存，放在乾燥陰涼的環境中，使用時再取出敲裂成數塊或磨成粉末就可以了。

　　至於肉豆蔻種皮，價格較為昂貴，除非你有特殊的需求，否則光是種子的香氣就夠濃郁！

▌肉豆蔻植物小檔案

產地：印尼、格瑞納達
科屬：肉豆蔻科
精油萃取部位：種子與種皮實

▌肉豆蔻精油主要香氣成分

- **醚**
  肉豆蔻醚
- **單萜烯**
  蒎烯
  檸檬烯

▌肉豆蔻精油使用小 Tips

　　在許多芳療的書籍中都記載著肉豆蔻精油具有危險性，需謹慎使用甚至避免使用，建議若非經過芳療師指導，千萬不要將肉豆蔻精油直接塗抹在皮膚或是加在菜餚中使用。

香料油煎雞蛋豆腐

舌尖上的驚喜

這道小菜是我的廚房應急菜,當大家肚子餓的咕嚕叫時,只需要五分鐘就可以擺上餐桌,加上香料油點綴的豆腐,清爽中帶有香氣,是很棒的佐餐小菜。

【材料】

雞蛋豆腐 1 盒
中東風情浸泡香料油 10ml(含小茴香 10g、肉豆蔻(可先敲開成數塊)5 顆、丁香花苞 10 顆、黑胡椒粒 20 顆、野馬鬱蘭 3g,搭配冷壓芝麻油 100ml)

【做法】

1. 將雞蛋豆腐切成 1 公分厚的片狀,一盒約可切成 10 ～ 12 片。

2. 熱鍋後倒入中東風情浸泡香料油,接著放入切好的雞蛋豆腐,等一面煎至金黃後翻面,待兩面都煎至金黃色後可起鍋。

＊ 小叮嚀 ＊

以香料油煎豆腐,在煎的過程就有很豐富的香氣,由於雞蛋豆腐本身就有鹹味,因此口味清淡的人不需要添加其它調味料,若覺得太淡可以在擺盤後淋上一點薄鹽醬油。

薑

溫暖滋補
（治胃痛、暖胃、助消化、消炎、止暈止吐、抑制直腸癌細胞生長）

薑是料理中常見的香料，搭配魚肉或蔬菜都很合適。中國人一直認為薑具有滋補的作用，也是中藥裡重要的藥引，在一帖藥中放入薑片一起熬煮，能讓各種藥草發揮加倍的療效。

薑是中式料理中不可或缺的香料，因此十八世紀，在中國的移民船上，移民們在動物的水槽中種了薑，把薑帶到美洲大陸去，希望新土地上仍能維持傳統的中式料理，也能避免腸胃感染思鄉之情。

在印度，薑是重要的風型人用油。風型人體質較乾冷蒼白，膚質乾，容易敏感，追求資訊，熱愛學習，但只有三分鐘熱度，容易活在雲端而無法根深大地，因此很需要薑的協助，把大地的力量注入其中，如果你有風型人症狀，請多吃一點薑。

薑對地力的消耗非常大，因此無法連種，種過薑的土地必須休耕三年或轉種其他植物，讓土地休息才能再種薑，若連續種薑很容易發生病蟲害。

市面上可以買到老薑與嫩薑兩種，都來自同一種北薑薑種；而泰式料理中使用紅橘色的薑則是南薑。嫩薑種植約二至五個月後可以收成，老薑則需要種植超過九個月的時間，所以嫩薑清甜，老薑辛辣。中藥材中用的是乾薑，把老薑洗淨切片，曬乾後使薑片容易保存，也讓乾薑的氣味最為辛辣，最為強烈。

ginger

＊ 薑的應用 ＊

薑是消化系統的良藥，薑汁能治胃痛，具有暖胃與提振消化之火的功能。新的醫學研究顯示薑中所含的薑烯具有消炎的效用，也能止暈止吐，預防暈車暈機暈船。薑酚則是薑中的辛辣物質，目前的研究方向顯示薑酚可能具有抑制直腸癌細胞生長的效用。

黑糖薑茶是最方便使用薑的一種方式。將老薑洗淨切片，加水煮開後放入黑糖，等黑糖溶化後就可以關火，怕辣的人可以先把薑片撈出後再飲用。薑也有很好的去腥作用，在海鮮料理中很常應用，平日各種料理都可以加入薑片提味，我也很喜愛在雞湯中加點薑片，不論冬天或夏天，這樣的湯喝起來身心都暖，好好的流個汗，非常舒暢。

＊ 薑的保存 ＊

新鮮的薑買回後不要碰水洗淨，只需要把粘附的土撥掉，放置在乾燥通風處就可以保存許久，若要放在冰箱中，可以用餐巾紙或報紙包起來再冷藏，可以保存較久的時間。

根據我的薑農友的經驗談，夏天收成的薑，水分含量高，較不容易保存；秋冬季節收成的才耐久放，所以新鮮的薑還是新鮮吃掉，或是盡早製成其他的薑製品比較好。

▌薑植物小檔案

產地：馬達加斯加、中國
科屬：薑科
精油萃取部位：地下莖

▌薑精油主要香氣成分

· **倍半萜烯**
　薑烯
　沒藥烯
· **單萜烯**
　樟烯

▌薑精油使用小 Tips

薑精油可應用在呼吸系統問題，包括感冒與受風寒都可以應用。除了調油按摩身體之外，以 3～5 滴薑精油加在鮮奶中，乳化後倒入水中泡澡，可袪寒，也能幫助血液循環。

薑精油也有很好的殺菌作用，若到衛生狀況較落後的地區，有飲水疑慮時，可以將 1 滴薑精油滴入水杯中搖勻後飲用，可減少因飲水而引發腸胃感染的問題。薑精油也有益於消化系統，旅行時若遇到水土不服的消化問題，以 2 滴薑精油加入 5ml 的植物油或乳液中，以順時鐘方向按摩肚子，每天至少四次，可以舒緩水土不服的消化問題，對脹氣或腹瀉都有幫助

檸檬薑茶

來個排毒的一天

對於每天外食的人來說，多多少少吃進一些不清不楚的食品添加物，就算都是天然食材，在外烹煮的食物，為了增加滋味，難免油鹽多放了點，久了讓人感覺身體沈重，頭昏腦脹，如果工作壓力大，更是難以抵擋反式脂肪酸的呼喚。

何不利用一個假期，關上手機與電腦，給自己慢活的一天，親手為自己準備一天的食材，用清淨的湯品、新鮮的蔬果、營養又少負擔的食物，滋養身體。搭配好聽的音樂，或是一本好書，滋養自己的心靈，讓自己在假期能真正的放鬆、舒活。

早晨起床喝一杯檸檬薑茶，是喬布拉健康中心給的藥草方。檸檬，可以淨化體液，也具有清血的作用，可以幫助身體排酸，維持鹼性好體質。薑，能活絡氣血，化解淤塞，還可以幫助消化系統運作，更能暖胃，是非常具有滋補效益的香料。一杯檸檬薑茶，暖暖的喝，可以清淨身體並喚醒你的消化系統，帶來清醒又舒暢的早晨。

【材料】

溫水 150ml

檸檬 1/2 顆

薑（約拇指頭大小）5g

蜂蜜 5ml

【做法】

1. 薑洗淨，磨成泥，加入 1 杯溫水中。

2. 將檸檬洗淨，將檸檬汁擠進溫水中。若能連皮洗淨，就可不必榨出檸檬汁，直接將檸檬連皮切片，放入溫水中，擠壓出檸檬汁即可（這種做法可以喝到皮上的精質）。

3. 品嘗一下味道，如果覺得很好喝，可以這樣直接飲用，若覺得太酸，可以加些蜂蜜調味，溫溫的喝效果更好。

可樂煲薑

快感冒的時候

　　感冒是每個人最常生的病，吹風淋雨著了涼很容易感冒，貪涼吹電扇或冷氣也很容易感冒，工作壓力大常熬夜也很容易感冒，女性在生理期前，免疫力下降也很容易感冒，萬一辦公室裡常有病號，被感染的機會就更大了。

　　治療感冒的偏方很多，多數經過醫生證實沒有什麼用處，不過這些偏方往往對人體有舒緩的效果。這裡所提供的方法不一定有醫生背書，但是在感覺快要感冒時，或是感冒症狀令你感覺痛苦時，這些香料配方可以幫你舒緩不適，帶來愉悅與輕鬆的感覺。

　　去過港式茶餐廳的人，應該聽過或者喝過這個飲品，搭配港式茶餐廳的點心與餐點都非常對味，這是一道非常簡單又好喝的飲料，趁熱的喝，驅寒的效果更好。

【 材料 】
薑片 8 ～ 10 片
可樂 (小寶特瓶)600ml

1. 薑洗淨，切成薑片約 8 ～ 10 片。
2. 在鍋中倒入可樂，加入薑片一起加熱，等可樂煮開後就可以關火。

＊ 小叮嚀 ＊

　　喜歡薑味重一點的人，喝這道熱飲的時候，把薑保留在可樂中，浸泡越久薑味越濃郁，當然也可能越辣。

黑糖薑片
隨時補充體力

　　黑糖熬薑片是台灣平埔族的傳統食物，獵人上山打獵時會在隨身包中裝上一些黑糖薑片，累了餓了都可以吃，藉由糖分來補充體力。尤其在山上如果天氣變冷了，嚼食黑糖薑片還能提供熱能，幫助祛寒。

　　現代人不太需要去山上打獵了，但卻常身處在溫度偏低的冷氣辦公室中，造就了一堆手腳冰冷、血路不通的冰棒一族。自製一份黑糖薑片，平時可以直接嚼食，補充熱量，也能暖身暖胃。若遇特殊時期或是快感冒的時候，用熱水沖泡，就成為好喝的黑糖薑茶！

【材料】
老薑 70g
黑糖 50g
麻油 10ml
龍眼乾 25g

【做法】

1. 將老薑洗乾淨，連皮晾乾，切成薄薑片。

2. 把龍眼乾撥開，取出龍眼肉，將龍眼肉一片片分開。

3. 先熱鍋，在鍋中加入一點麻油，把薑片放入鍋中以小火翻炒，一邊翻炒會發現薑的汁液已經開始釋出，持續翻炒才不會讓薑片燒焦。

4. 當薑汁充分釋出後，可以加入黑糖繼續翻炒，讓薑片均勻裹上黑糖。

5. 薑片變得乾扁之後，可以加入適量的龍眼乾，繼續翻炒至湯汁收斂。

6. 等湯汁收斂，薑片成為深褐色，且薑汁濃稠的粘附在薑片上，就可以關火。

7. 把炒好的薑片倒在托盤中，分散開來放冷晾乾；也可以把炒好的薑片放在烤盤中，送入烤箱中用小火烘乾。

8. 等薑片收乾、冷卻後，可以裝入瓶子或夾練袋中存放，室溫下可以放置兩週左右，若冷藏可以存放較久的時間。

Chapter 3

Vanilla

香草

從香氣開始，揭開美好的一天

　　生活中經常接觸到香草的香氣，許多糕點與冰淇淋裡的香氣都來自於香草，這種甜甜的、淡淡的氣息總是讓人感到開心，事實上它的確具有這種功能。

　　香草的好處還有許很多，這裡將教你如何自製香草精以及各種運用方式，隨時將美好的香氣入菜，也避免人工香料傷害我們的健康。

香草
昂貴的香氣（止痛、安神放鬆、幫助睡眠）

　　香草來自蘭科植物的豆莢，這種蘭科植物原產於墨西哥，後來被帶入歐洲，再被移植到馬達加斯加等潮溼炎熱的熱帶氣候地區。香草攀附在大樹上生長，植株須生長三年才能開出第一朵花，在開花的八小時內必須授粉，才有機會結出香草豆莢，而且必須透過特殊的蜜蜂才能為香草自然授粉，因此產量一直非常少。直到一位馬達加斯加的農奴，發現可以透過人工授粉方式幫助香草結出豆莢，產量才因此上升，也使得馬達加斯加成為全世界最大的香草輸出國。

　　採收新鮮香草豆莢之後，須經過殺青、發酵、晾曬等方法，反覆作業，經過半年時間的淬煉，才能得到芳香怡人的香草豆莢。每收成五公斤的新鮮香草豆莢，製成之後只剩下一公斤的重量。因為取得不易，香草自然是昂貴的香料之一，而市面上許多宣稱有香草氣息的食品，常常添加的都不是真正的香草，而是人工合成的香草精。

❋ 香草應用 ❋

　　香草的香氣是蛋糕、巧克力、冰淇淋等甜點的最佳調味料。製作甜點時，通常會把香草浸漬在糖漿或是奶油中，藉此增添風味。如果你和我一樣不是個好的烘焙者，也可以選擇簡單的方式運用香草香氣，請參考本書第二章的香草酊劑製作方式，然後把香草酊劑加入各種甜食、飲品中，就能簡單地享受好心情了。

　　香草含有香草醛，能讓人放鬆、開心，嗅聞香草的香氣能有效地提升血清素的分泌，讓人擁有穩定的好心情。提煉出來的香草精油，除了可以加在甜品中外，對中南美洲的原住民而言，也具有重要的藥用價值，它能止痛，能安神，使人覺得溫暖、安心、放鬆且甜蜜。

❋ 香草保存 ❋

　　香草豆莢須保存在乾燥陰涼的地方，最好以密封罐裝好，可在室溫下保存兩年左右。

▌香草植物小檔案

產地：馬達加斯加、留尼旺島
科屬：蘭科
精油萃取部位：豆莢

▌香草精油主要香氣成分

· **芳香醛**
　香草醛
· **芳香酯**
　洋茴香酯

▌香草精油使用小 Tips

　　香草精油具有放鬆的作用，遇到壓力大而睡不好時，將香草精油加入日常使用的按摩油或乳液中，可以幫助放鬆安眠。

　　香草精油也具有止痛的效益，遇到經痛時，可以取 2 滴香草精油，加入 5ml 的植物油中調勻，塗抹在下腹部與後腰背部，再以熱水袋熱敷，就可以幫助舒緩疼痛，還能幫助入睡，也能溫暖身心，帶來好心情！

香草酊劑自己做
帶來好心情

香氣人人喜愛。每次上課讓學生聞香草精油的香氣，他們總是陶醉地嘴角掛著笑容，有人開心的說：讓我想到小時候最愛吃的小美冰淇淋！

這就是香氣的魔力，可以喚起我們腦中最美好的回憶，憶起每一次開心吃著甜點的幸福感受。除了回憶能帶來好心情之外，香草的香氣也能增進大腦生成腦內啡，這種天然的體內止痛劑，讓我們對疼痛的容受度大增，還會帶來飄飄欲仙的開心感受。

目前市面上可以買到的香草精，大多數為人工合成品，只需要一點點就可以帶來濃厚香氣，卻也讓甜點的氣味變得死板沒有層次。若要直接使用天然的香草豆莢，買回來後往往需要經過處理才能充分享受香草的香氣。有沒有更方便運用的方法呢？只要準備好以下材料，就能輕鬆自製天然香草精。

【材料】

香草豆莢 2 條
伏特加酒（琴酒、蘭姆酒也可以）
300ml
乾淨附蓋玻璃瓶 1 個

【做法】

1. 在乾淨的玻璃瓶中加入 300ml 的伏特加酒。

2. 將香草豆莢剪成 1 公分長的小段，放入酒中，蓋上瓶蓋。

3. 在陰涼處靜置兩個星期，撈出瓶中豆莢，完成。

✳ 保存方式與期限 ✳

做好的香草酊劑，可以在室溫存放超過半年的時間，但隨著時間過去，香氣也會流逝，因此建議可以盡早用完。

✳ 廚房中的多種應用方式 ✳

香草酊劑可以用在各種奶製品，舉凡製做布丁、奶酪、煎餅或冰淇淋等，或是烹煮奶茶、巧克力或熱牛奶時都可以添加。最方便的就是添加在熱拿鐵中，既可以享受咖啡的香醇，又能享受香草的甜美。

香草咖啡
苦中帶甜的滋味

　　將自己製作的香草酊劑加在手沖的咖啡中，享受純手工的慢活生活與純手工的幸福。品味一杯苦中帶甜美的咖啡，就好像品味豐富人生。

【 材料 】

咖啡粉 10 ～ 15g（視不同的咖啡豆與個人喜好調整）

熱水 150ml

鮮奶 50ml

香草酊劑 1ml

【 做法 】

1. 將鮮奶加熱至 70℃左右。

2. 用熱水將咖啡粉沖泡成一杯咖啡，加入熱鮮奶，再加入香草酊劑 1ml 即可。

* 小叮嚀 *

　　喜歡重口味可以多加一些香草酊劑，一邊加一邊試香氣，以免放太多。由於香草酊劑中有酒的成分，需要適量添加。

香草平底鍋煎餅
最家常的下午茶點心

　　一講起煎餅，也許大家想到的都是大飯店下午茶所推出的豪華樣式，層層疊疊配料豐富，感覺製作非常麻煩。其實只需要一些簡單的材料，加上平底鍋，就可以做出家常煎餅。簡單的家常煎餅，搭配各種水果、優格或是果醬，就是非常棒的下午茶點心，搭配茶或咖啡也非常合適。若是家裡有小孩，也可以邀孩子一起動手做。

【材料】
雞蛋 1 顆
低筋麵粉 100g
鮮奶 60ml
自製香草酊劑 2ml
奶油 5g

【做法】

1. 將低筋麵粉過篩，打入 1 顆雞蛋攪拌，再加入鮮奶攪拌均勻，確認沒有任何麵粉結塊。

2. 加入香草酊劑，再攪拌均勻即可。

3. 在平底鍋底抹上薄薄的奶油，開小火，舀入 1 大湯匙的煎餅麵糊，待麵糊邊緣略翹起後即可翻面，當煎餅可輕易在鍋底移動時，即可起鍋。

※　保存方式與期限　※

　　熱騰騰的煎餅又香又好吃，當然是快點放進肚子裡！

※　廚房中的多種應用方式　※

　　香草煎餅，光是加一些蜂蜜就非常好吃，如果喜歡吃酸，還可以加點優格。在家裡，我們喜歡的食用方式是加上各種果醬，有自製的桑椹醬、洛神醬、蔓越莓醬，或是淋上加熱過的巧克力也非常對味。講究一點，還可以做香料類的醬料，搭配著一起吃也非常棒！

Chapter

4

Herb

香草植物

隨手可得的新鮮香氣

　　相信很多人都有香草夢，夢想著有一方小園地，種著開滿紫花的薰衣草、迷迭香等植物，需要的時候信手捻來，就有滿懷的清香，對於地處亞熱帶地區的台灣來說，這個香草夢真的是一場夢！

　　大部分我們熟知的香草植物，特別是唇形科的香草植物，原生地多來自歐洲地中海地區，天氣的形態恰與台灣相反，冬季下雨，夏季乾燥，四季分明且日夜溫差大，香草植物在這樣的環境中孕育出濃郁香氣，而且能成長茁壯。台灣一年之中最適合種植香草植物的季節是秋冬時節，而且還必須有陽光的好天氣，若是連天陰雨，恐怕連香草植物的根都要長出香菇來。再加上這些香草植物移植到台灣之後，遇到台灣酷熱的夏季，能不能越夏成為重要的考驗。

　　常見的薰衣草屬於很難越夏的一種香草植物，尤其是萃取精油的薰衣草（窄葉品種），除非在中高海拔的山區，否則很難在台灣平地見到開花的模樣。平地能種的薰衣草往往不是萃取精油的品種，有些甚至因為所含的樟腦成分比例過高根本無法食用。

　　在農業單位與民間的努力之下，已經有些香草植物被馴化，提高了耐熱的能力，漸漸能適應台灣的天氣。下面要介紹給大家的這三種香草植物，就是比較容易種植，成功機率很高的品項，也是在廚房中很好用的香草植物。

熱帶羅勒
三杯料理不可或缺的香氣（舒緩情緒）

乍看之下這香草植物的名稱很陌生，其實熱帶羅勒就是我們俗稱的九層塔，對我們來說是再熟悉也不過的植物！

熱帶羅勒的拉丁學名，與義大利菜餚中常用的甜羅勒相同，屬於種植在不同地區而產生的變種。

羅勒的英文俗名 Basil，來自希臘文的國王，顯現其來源必定有其神聖之處。根據歷史研究推測，可能因為羅勒常見於王室中所使用的香油，或是王室中的沐浴藥草，因此具有神聖意涵，也有人認為羅勒是藥草界的國王，在許多料理與藥用配方中都可以見到它的蹤影。

而台灣俗稱九層塔這個名稱，是源自羅勒花朵的外觀，層層疊疊如同玲瓏寶塔一般而得名。

Basil

✳ 熱帶羅勒栽種 ✳

熱帶羅勒非常能適應熱帶氣候，適合溫暖多雨的天氣，你可以用種子播種，也可以取枝條扦插，都非常容易繁衍。在我的空中菜圃中，常因為鳥類散播羅勒的種子，使得每一個盆栽裡幾乎都有熱帶羅勒的蹤跡。

熱帶羅勒很耐旱，如果獲得充足的水分，就能夠長出比較豐美的葉片，否則很容易就開花並且木質化。木質化後的熱帶羅勒纖維會變粗，葉片也沒有那麼香甜好吃，必須整株修剪，重新生枝枒才能回春。

✳ 熱帶羅勒應用 ✳

在各種中式菜餚中，熱帶羅勒的香氣是重要的點綴，更是三杯料理不可或缺的香氣，也是油炸食品最棒的調香劑。

客家菜色裡，把新鮮熱帶羅勒嫩葉片拿來煎蛋，風味絕倫，你一定要試試看。

熱帶羅勒與堅果及調味料一起打成泥，可以製成青醬。一瓶存放在冰箱裡的青醬可以變化出很多不同的料理，甚至變成很有特色的火鍋沾醬或是麵條沾醬，你可以試試看。

✳ 熱帶羅勒保存 ✳

新鮮採下的熱帶羅勒最好盡早用完，如果無法食用完，擦乾後以塑膠袋包裝好放入冰箱冷藏，約可放置一週時間。或者把它曬乾，揉成碎片後用玻璃罐保存，可以與乾燥迷迭香、乾燥野馬鬱蘭混合成鄉村風味香料，用來烤雞、烤魚或調製沙拉醬都很不錯。

■ 熱帶羅勒植物小檔案

產地：熱帶亞洲地區

科屬：唇形科

精油萃取部位：葉片與嫩枝

■ 熱帶羅勒精油主要香氣成分

· **醚**
  甲基醚蔞葉酚
· **氧化物**
  1.8 桉油醇

■ 熱帶羅勒精油使用小 Tips

熱帶羅勒精油是非常好用的消化系統止痛用油，雖然很多精油的書籍中都提到它可能有積存性的風險，這個部分只要注意使用的劑量，其實不用太擔心。

青醬比薩

羅勒口味比薩

　　吃過青醬義大利麵嗎？不管配料是雞肉、蔬菜或是海鮮，青醬的羅勒香總讓人回味無窮。除了去義式餐廳可以吃到青醬之外，你也能在家裡自己做，而且做法簡單，還能確保不會吃進一堆自己搞不清楚的食品添加劑。如果在自家後院種羅勒，還可以確保食材來源不含農藥！

【材料】

青醬
羅勒（九層塔）嫩葉 50g
堅果（可以選擇松子、核桃或是腰果，也可以選用綜合堅果）約 50g
冷壓植物油（橄欖油或昆士蘭堅果油）80ml
鹽 5g
蒜頭 2 瓣
黑胡椒粉 適量
起士粉 10g

餅皮
蔥油餅皮 2 片

配料
乳酪絲 50g
甜椒 1 顆
鳳梨罐頭 1 罐
番茄 1 顆
洋蔥 1/2 顆
大蝦仁 5 隻

【青醬做法】

1. 將羅勒洗淨，晾乾或擦乾，挑出嫩葉備用。

2. 將羅勒葉、堅果、去皮蒜頭加入食物調理機中，再加入冷壓植物油，一起打成醬料狀。

3. 再加入適量的鹽、黑胡椒粉、起士粉，稍微攪拌 10 秒鐘即可。

4. 最後在裝瓶完成的青醬上再淋上一層 0.5 公分高度的橄欖油，就可以放入冰箱中冷藏備用。

【比薩做法】

1. 簡單的比薩可以在家裡自己做，如果不想自己揉麵糰擀餅皮，可以選購市面上販賣的蔥油餅皮。先把餅皮放在平底鍋裡稍微煎一下，至餅皮兩面都變白且帶有一點焦黃即可。

2. 取出後放在烤盤上，在餅皮抹上一層青醬，撒點乳酪絲後，再放上自己喜歡的配料，然後再撒上乳酪絲。

3. 放入烤箱中烤 15 ～ 20 分鐘就可以了。

把打好的青醬取出，裝填在乾淨消毒過的乾燥玻璃罐中，蓋上瓶蓋前，青醬上面淋一些植物油，以阻絕青醬與空氣的接觸，如此可以常保鮮綠，並延長保鮮期。

由於自製的青醬完全沒有防腐劑，每次使用時不要離開冰箱太久時間，而且應該用乾燥清潔的湯匙取用，可以確保青醬不受汙染。取用後，再添加適量的植物油來隔絕空氣，如此可以在冰箱存放約一個月的時間。

★青醬海鮮義大利麵

吃膩了一般家庭的清炒海鮮義大利麵嗎？在拌炒義大利麵材料後，可加入青醬，調製成青醬義大利麵，為平常吃的餐點增添風味。

★法式麵包佐青醬

青醬可以當作早餐麵包的沾醬，跟堅果抹醬比起來，青醬算是鹹的醬料。可以選用較軟的法國麵包，將麵包表面烤酥後沾著吃，別有一番風味！

涼拌蔬食義大利麵

地中海料理

地中海地區的料理，在心血管保養的風潮中受到矚目而廣受歡迎。由於地中海沿岸地區攝食海鮮居多，紅肉的攝取量較少，而且使用的油脂主要為冷壓橄欖油，透過低溫拌炒或是涼拌的方式食用，更能讓身體充分吸收到橄欖油中的不飽和脂肪酸。另外，地中海地區的料理也添加了許多香料，讓所有人的味蕾隨時充滿驚喜，不禁要讚嘆新鮮的食材與充滿辛香味的香料，竟能搭配得如此恰到好處。

涼拌蔬食義大利麵，是一道非常容易煮食的地中海料理，吃起來也很清爽，非常適合想要減壓放鬆的一天，也很適合想要為腰圍減壓的人食用。

【材料】

冷壓橄欖油 20ml
起士粉 5g
蒜頭　3～5 瓣
洋蔥　1/2 顆
義大利麵（或筆尖麵、蝴蝶結或貝殼麵）100g
乾燥香草植物：迷迭香 3g、百里香 3g、野馬鬱蘭 3g
新鮮羅勒葉　5g
黃甜椒　1 顆
紅甜椒　1 顆
綠花椰菜 1/2 顆
西洋芹菜莖　3 枝
大番茄　1 顆
鹽適量（依個人喜好的鹹度添加）

【做法】

1. 將綠花椰菜洗淨，切成適當大小，以熱水燙熟。

2. 甜椒、西洋芹莖菜與大番茄可以洗淨以熱水燙熟，如果你喜歡吃生的，甜椒、西洋芹莖菜與大番茄，也可以直接生食。

3. 將義大利麵煮熟後，以冷水沖涼。

4. 蒜頭數瓣去皮壓碎。

5. 洋蔥洗淨後切碎，如果不喜歡洋蔥的氣味可以不加，或是先將洋蔥切好，放在冰水中浸泡 30 分鐘。

6. 在鍋中加入適量的冷壓橄欖油，小火拌炒蒜頭與洋蔥。

7. 炒出香味之後，加入適量的迷迭香與羅勒等香草植物，再炒一下，讓香氣釋出後就可以關火。

8. 在大缽中放入煮熟的義大利麵、蔬菜，將剛剛拌炒的蒜頭、洋蔥等香料油淋上，撒點鹽，加點起士粉與乾燥香草植物一起攪拌，就可以上菜了。

* 廚房中的多種應用方式 *

如果不喜歡吃涼拌的義大利麵，也可以在拌炒蒜頭與洋蔥後，將義大利麵與各種材料一併加入鍋中，以小火翻炒，當食材均勻受熱之後，加點鹽調味，再加上迷迭香與羅勒等香草，再加熱一下，等香氣釋出就可以了。裝盤之後再撒點起士粉與乾燥香草植物，就是清爽又少負擔的清炒蔬食義大利麵了。

迷迭香

烤肉的良拌 （回春、增強記憶、預防感冒、保持纖體）

　　迷迭香是一種唇形科的多年生小灌木，在寒冷的地方也能保持常綠，因為它的葉片能向後捲曲，而且葉片厚實，減少蒸散作用，能抵擋寒風吹襲而不凍傷。

　　傳說當聖母瑪麗亞帶著聖嬰躲避追緝時，躲在迷迭香叢中，迷迭香張開枝葉把聖母瑪麗亞與聖嬰包圍，讓他們逃過追緝，所以迷迭香是有靈性的植物。

　　在許多古老的祕方中，迷迭香的香氣與回春和記憶有關，不管是生日慶典或是聖誕節的美好日子裡，有些村落流行將迷迭香編成花環裝飾會場，希望藉著它的香氣，讓大家永遠記得美好的一刻，就連婚禮中的新娘也會將迷迭香編成花環戴在頭上。現代的研究也發現，迷迭香的氣味真的有助於記憶，能使頭腦清晰有條理，有助於學習新事物。

Rosemary

<table>
<tr><td>

✳ 迷迭香栽種 ✳

　　在台灣生長的迷迭香已經被馴化，許多品種都被栽種的很好。種植在土裡時，記得把土鬆好，加入一些沙質土壤，排水較好。野生迷迭香在土壤貧瘠的地方都能生得很好，因此不一定要刻意施重肥。但迷迭香很需要水分，所以給它足夠的水分是必要的。由於迷迭香是多年生小灌木，若要盆種，請給它大一點的伸展空間才能長得比較好，所以買回家的迷迭香請為它換適合的盆子，給它排水良好的介質、足夠的水與陽光，就能長得很好。

✳ 迷迭香應用 ✳

　　用 1 枝新鮮的迷迭香泡一壺熱茶綽綽有餘，加點綠茶，就能成為很棒的風味茶，熱熱的喝非常醒腦。若要做成冰茶也可以，取 2 枝迷迭香，放入 1 公升的水瓶中，倒入冷開水後，放入冰箱冰鎮，隔天就有冰茶可以喝，這樣做的氣味不會太濃郁，人人都能接受。

　　迷迭香非常適合入菜，將新鮮迷迭香切碎後，加入黑胡椒粉、鹽，就能調製成迷迭香風味鹽，用來烤洋芋、烤豬肋排或是雞腿排都非常適合，做法非常簡單，你一定要試試看。

✳ 迷迭香保存 ✳

　　新鮮的迷迭香植株請定期修剪，尤其夏初時先修剪一次，有利側枝的生長。修剪下來的迷迭香徹底晾乾，把葉子取下後，裝入密封罐中，放在陰涼處即可，不需冷藏，只要不是太潮溼的環境，放半年以上都沒有問題。

</td><td>

▍迷迭香植物小檔案

產地：法國、突尼西亞

科屬：唇形科

精油萃取部位：葉片與嫩枝

▍桉油醇迷迭香精油主要香氣成分

・**氧化物**

　　1.8 桉油醇

・**單萜烯**

　　松油萜

▍迷迭香精油使用小 Tips

　　常見的迷迭香精油，主要的香氣成分是氧化物，具有提神醒腦的作用。如果你覺得自己不清醒，或者頭昏腦脹提不起精神，可以在薰香器中滴入 2 ～ 3 滴的迷迭香精油擴香；如果手邊沒有擴香器也沒關係，只需要在面紙上滴 2 滴迷迭香精油，置於冷氣的出風口，或是放在熱騰騰的電腦出風口旁，就可以享受到迷迭香提神醒腦的香氣！

　　快感冒時也可以使用迷迭香精油，可以在面紙上滴 1 滴迷迭香精油，再將面紙夾入口罩中，就能帶著香氣走，預防感冒，甚至感冒時也能幫助你呼吸順暢！

</td></tr>
</table>

鹼性蔬菜湯
減少身體的負擔

　　湯品不管在任何時候都是非常好的食物。生病的時候，食慾不振，一碗熱騰騰又豐富營養的湯，往往是滋養身體的最好選擇。非常疲倦的時候，身體也許沒有能量可以吸收消化吃進去的固體食物，但一定能吸收湯品中的營養。肉類或魚類熬煮的湯，十分鮮濃，但帶有濃厚的油脂，在排毒的一天並不適合食用。試試看德國自然療法師推薦的鹼性蔬菜湯，不僅能減少身體負擔，還能吃到豐富的纖維質所帶來飽足感，擁有輕盈體態的附加價值。以蔬菜熬煮能嚐到蔬菜的甜味，加點香料也能有豐富的色香味享受！

【 材料 】

大蕃茄　1 顆
小黃瓜　2 條
玉米　　1 條
馬鈴薯　2 顆
紅蘿蔔　1/2 條
西洋芹菜 2 根
小南瓜　1/2 顆
水　　　2000ml
鹽　　　2 茶匙

【 香料與香草 】

新鮮迷迭香 2 枝
黑胡椒粉（視個人喜好添加）
羅勒葉 5 ～ 6 片

【 做法 】

1. 將所有蔬菜洗淨切塊，根莖類蔬菜若能把表皮的泥土洗乾淨，可以連皮一起切塊備用。

2. 半鍋水煮開後，將切塊的蔬菜丟入鍋中，小火熬煮，同時將新鮮的迷迭香枝葉放入一同熬煮。可以用陶鍋或是鑄鐵鍋小火慢煮，等湯滾了之後，就可以關火繼續燜煮。

3. 試一下湯的味道，如果已經充滿蔬菜甜味後，可將羅勒葉撒入湯中，加上鹽調味即完成，喝湯時可以依個人喜愛的狀況適量加入黑胡椒粉。

＊ 小叮嚀 ＊

　　新鮮蔬菜，盡量選用根莖類或瓜果類較耐煮。

＊ 保存方式 ＊

　　這一碗蔬菜湯，除了有豐富的纖維質之外，還有南瓜及馬鈴薯提供澱粉質，喝湯、吃蔬菜也能帶來飽足感。喝不完的蔬菜湯可以分成每次需要食用的分量，用可裝食品的塑膠袋裝好，放在冷凍庫中儲存，可存放一個月。每次取出一包加熱食用，非常方便。即使半夜肚子餓，這樣的湯品吃起來也不會有太大的罪惡感。

習慣喝台式蔬菜湯的人，也可以加入海帶或是香菇一起燉煮。可將半條海帶切成段，數朵乾香菇先用水泡軟，加入湯中一起燉煮。如果不喜歡海帶的粘液感，可以等蔬菜湯滾開後再放入，煮一會兒就可以關火燜煮。

如果你喜歡帶有麻辣鍋的香料口感，就把香料改為花椒、黑胡椒粒、丁香、甜茴香，加入湯鍋中與蔬菜一起燉煮，喝起來會有麻辣鍋的香料氣味，卻不會為身體帶來麻辣鍋產生的負擔。這個香料湯品的配方，非常適合胃部虛弱或是手腳容易冰冷的人食用，還可以促進消化！

野馬鬱蘭（奧勒岡）

醃漬肉類的必備配方
（驅除感冒、幫助消炎、改善消化不良、舒眠、消除疲勞、預防皮膚感染）

　　野馬鬱蘭俗稱奧勒岡，又被稱為牛至，是唇形科牛至屬的香草植物，原生於歐洲地中海區域的植物。野馬鬱蘭無論長相或名稱都常與甜馬鬱蘭混淆，但是只要伸手搓一下它的葉子，撲鼻而來的辛辣味就能讓你快速辨別出來，它非常野性，一點也不甜。

　　野馬鬱蘭是非常適合與肉品一起烹調的香草植物。任何燒烤的肉類，只要在烤熟之後撒一點野馬鬱蘭，就能嚐到與平常不同的料理香氣。在義大利，野馬鬱蘭被稱為比薩香草，在比薩餅中常常見到這個香料，它的氣味與番茄和乳酪也十分搭配。

＊ 野馬鬱蘭應用 ＊

我喜歡把野馬鬱蘭放在醃肉的醬料中，新鮮的野馬鬱蘭葉片帶有濃厚的辛辣氣息，但嘗起來卻不辣，切碎後放在醬料中一起醃漬肉類，會帶來不同的香氣。

野馬鬱蘭也是傳統歐洲常用的感冒藥草，據說以熱水沖泡野馬鬱蘭，再加點蜂蜜調製，就能成為驅除感冒，幫助消炎的藥草茶。這個藥草茶對於感冒引起的消化系統問題，或是單純的消化不良也有幫助。如果因為脹氣而睡不著，你也該來一杯蜂蜜野馬鬱蘭藥草茶。

野馬鬱蘭也是很好的泡澡香草。採收數支新鮮的野馬鬱蘭，裝進紗布袋中，放在水龍頭下沖熱水，就能讓野馬鬱蘭的香氣充滿浴室，可以消除疲勞，提升抵抗力，在炎炎夏日還能預防各種皮膚感染的問題。

在希臘，人們會將乾燥的野馬鬱蘭放置在寢具櫃中，他們認為野馬鬱蘭有吸溼乾燥及防霉、防腐的作用，可以保持寢具櫃不會有霉腐味道，不過要小心不要讓野馬鬱蘭直接接觸寢具，有可能染上紅咖啡色。

＊ 野馬鬱蘭種植與保存 ＊

野馬鬱蘭需種植在陽光充沛的地方，土壤需排水良好，每天早上觀察土壤表面，乾燥時則澆水。每隔 2～3 個月定期修剪，施一點有機肥。野馬鬱蘭不太容易有病蟲害，只怕土壤太潮溼而腐根，所以澆水的時機一定要注意。

定期修剪下來的野馬鬱蘭可以在陰涼處晾乾，用乾淨的密封罐或夾鏈袋收集起來，放在乾燥陰涼處即可保存，不需要冷藏，盡快用完，才能嘗到野馬鬱蘭的香氣。

▌野馬鬱蘭植物小檔案
產地：希臘、地中海沿岸、辛巴威
科屬：唇形科牛至屬
精油萃取部位：整株藥草

▌野馬鬱蘭精油主要香氣成分
· **酚**
  香荊芥酚
  百里酚
· **單萜烯**
  松油萜

▌野馬鬱蘭精油使用小 Tips

富含酚類的野馬鬱蘭精油是非常重要的抗菌、抗感染用油，屬性溫暖，也是受到風寒時很好的祛寒用油。可以用它來泡澡，但一定要經過鮮奶或乳化劑的稀釋才可倒入水中。

你也可以將野馬鬱蘭精油加入酒精中用做家庭清潔用品，或是旅行外出時，帶著以酒精稀釋的野馬鬱蘭精油噴霧，清潔需要接觸的衛浴設備，可以有效地預防感染。

野馬鬱蘭的精油非常嗆辣，也容易刺激皮膚，因此切勿讓未經稀釋的野馬鬱蘭精油接觸你的皮膚，有可能造成灼傷。

野馬鬱蘭煎鯛魚

是台式煎魚

　　台灣鯛魚是台灣之光，從低價的吳郭魚搖身一變，成為日式餐桌上的高價美饌，對身在台灣的我們來說，它依然是平價又好吃的魚。只需要撒點鹽，再以油煎過，就是很棒的佳餚。也許你已經吃膩了簡單的油煎魚，不需要應用更複雜或更高超的烹飪技巧，只要加一點香料，就能變化出不同的台式煎鯛魚，就先從野馬鬱蘭開始吧！

【材料】
鯛魚片去刺 1 片（約 150g）
乾燥野馬鬱蘭葉片 2 ～ 3g
鹽 3 ～ 5g（依個人喜歡的鹹度做調整）
植物油 15ml

【做法】

1. 將乾燥野馬鬱蘭葉片加上鹽混合均勻後，抹在洗淨擦乾的去刺鯛魚片上。

2. 起油鍋，植物油溫熱之後放入魚片，以中火煎魚，待兩面煎成金黃色，且魚肉都熟透後可以起鍋擺盤。

＊ 廚房中的多種應用方式 ＊

　　摸摸新鮮的野馬鬱蘭葉片就能聞到帶有辛辣的氣味。乾燥後是非常棒的調味料，可以應用在魚、肉料理上，甚至連烤馬鈴薯都可以加點野馬鬱蘭，讓簡單的菜色一點都不無聊。

薄荷
一股清涼（提神醒腦、幫助消化、消解脹氣）

　　薄荷是唇形科薄荷屬的香草植物，非常容易因為雜交而產生新品種。大部分的薄荷在台灣都能生長的很好，所以市面上可以看到的薄荷有好多種香氣，舉凡檸檬薄荷、巧克力薄荷、柳橙薄荷、斑葉蘋果薄荷等都是雜交配種所衍生出的新品種。

　　芳香療法中常用的薄荷有兩種：胡椒薄荷、綠薄荷。胡椒薄荷因為氣味較為辛辣而得名，屬於較古老的品種之一，葉緣有鋸齒，葉片尾端較尖，莖有黑紫色與綠色兩種；綠薄荷則是台灣最常見的薄荷，已經非常適應台灣環境，呈現隨便種隨便長的狀態，葉片較圓，葉脈明顯，香氣帶有青箭口香糖的味道。如果有園藝生手請我推薦一種好種的植物，非綠薄荷莫屬。

　　種過薄荷的人都知道它們很會發展根系，所以一旦園子裡有薄荷就會到處生長，薄荷這種屬性來自於一則淒美的神話故事，與冥王有關。相傳冥王身邊有一位貼身女神 Menth 伺候，由於冥王長年居住在地府裡，沒有什麼機會接觸年輕女性，因此 Menth 一直認為自己有可能成為冥后，但是有一天冥王卻從地面上擄來了一位女性，立她為冥后，Menth 常常與冥后作對，而且與冥王狀似親密，有一天冥后趁冥王不注意時將她殺害，碎屍萬段。冥王看見她的慘狀於心不忍，將她變成具有香氣的植物，於是 Menth 就成了 Mentha 薄荷屬的拉丁學名的由來。

Mentha

✳ 薄荷應用 ✳

薄荷香氣極為消暑，也非常清新，具有提神醒腦的功效，夏季使用更為適合。

常見薄荷出現在甜點上，既有裝飾效果又能提味，放在飲品中能添加涼涼的氣味，非常消暑。

無論胡椒薄荷或是綠薄荷都有益於消化系統，可以幫助消化，消解脹氣。摩洛哥最著名的餐後薄荷茶，就是以熱水沖泡滿滿的綠薄荷，加入一些糖，甜甜涼涼的味道是最好的餐後消化茶飲。台灣也有傳統料理使用薄荷，如鹽焗薄荷雞。將薄荷葉塞進雞肚子裡，雞皮抹上薄薄一層鹽，用鋁箔紙把整隻雞包起來，放進鍋中鹽焗。

我喜歡把薄荷做成特製冰塊，夏天可以隨意加在各種飲品中，帶著薄荷味道的清涼感，既消暑又美好，非常值得一試。

✳ 薄荷栽種與保存 ✳

綠薄荷在台灣是非常容易種植的香草植物，選用排水良好的土壤，種在日照充沛的地方，每天早上澆水，定期修剪，就能維持健康生長。

胡椒薄荷的種植方式與綠薄荷相同，但是不如綠薄荷容易購買。兩種薄荷都可以水耕，你可向有種植這類薄荷的朋友要一些枝葉，插在裝水的玻璃瓶中，記得要放在照射得到陽光的窗台，會讓薄荷們比較快樂，生長得更快更好。

修剪下來的薄荷枝葉可以直接應用。我會用沾水的餐巾紙將它包裹起來，裝進夾鏈袋中冷藏，可保持一周的鮮度。若想要長期保存，將枝葉綁好倒掛在窗前風乾，等葉子摸起來有酥脆感後，就可以用保鮮罐裝起來，放置在陰涼處即可。

▌胡椒薄荷植物小檔案

產地：英國、義大利、美國、日本
科屬：唇形科薄荷屬
精油萃取部位：整株藥草

▌胡椒薄荷精油主要香氣成分

- **單萜烯**　　　 ・**單萜酮**
　薄荷腦　　　　　 薄荷酮

▌胡椒薄荷精油使用小 Tips

胡椒薄荷的香氣是清涼中帶點胡椒的辛辣味道，是非常好的提神醒腦用油，旅行時可以隨身攜帶，暈車、暈船時，取 1 滴純精油滴在面紙上嗅聞，就能改善暈眩嘔吐的感覺。

你也可以取 4 滴胡椒薄荷精油，稀釋在 10ml 的植物油中，以滾珠瓶裝好，成為隨身攜帶的清涼消暑薄荷棒。這個薄荷棒在肚子脹氣時拿來塗抹按摩，能減輕脹氣不舒服的症狀。

▌綠薄荷植物小檔案

產地：摩洛哥、埃及
科屬：唇形科薄荷屬
精油萃取部位：整株藥草

▌綠薄荷精油主要香氣成分

- **單萜烯**　　　 ・**單萜酮**
　檸檬烯　　　　　 左旋藏茴香酮

▌綠薄荷精油使用小 Tips

綠薄荷精油是很好的皮膚調理用油，對於油性肌膚而言，能消炎與幫助傷口癒合。你可以將 1～2 滴綠薄荷精油，加入常用的植物性面霜中，攪拌均勻後使用在臉部，或是塗抹在痘痘發炎處。

綠薄荷精油也能幫助消化，也可以當作塗抹在腹部的消化用油。以 4 滴綠薄荷精油，加入 10ml 的植物油中調和成稀釋油，就能直接使用。

薄荷柳丁汁

夏日透心涼

　　炎炎夏日喝杯果汁有益於消暑。雖然冰涼的飲品喝太多對身體無益，但偶爾來杯不要太冰、加點自己種的香草植物的新鮮果汁，能喝到新鮮與營養，也能帶來好心情。

【 材料 】

現榨柳丁汁 200ml

新鮮薄荷葉 4 ～ 6 片

【 做法 】

1. 薄荷葉洗淨。

2. 將柳丁皮洗淨後榨汁。

3. 將果汁倒入玻璃杯中，把薄荷葉放入，稍為攪拌擠壓一下，讓薄荷氣味滲出。也可稍微停留 5 分鐘讓薄荷味道釋出，即可飲用。

＊ 小叮嚀 ＊

　　沒有柳丁汁，也可以嘗試做薄荷檸檬汁或是薄荷桔子汁，薄荷香氣與芸香科柑橘屬的果實氣味非常契合，能結合出屬於夏天清涼的氣味。

香蜂草
新鮮檸檬香 （有益心血管系統、降低血壓、鎮靜神經系統）

　　香蜂草的長相與薄荷很像，都是橢圓葉略帶一點葉尖，葉緣鋸齒狀，葉片上有絨毛，也是唇形科典型的方莖。但是觸摸一下香蜂草就能發現香氣完全不同，沒有清涼的香氣，卻帶有濃郁的檸檬香。

　　香蜂草的英文俗名 Melissa，是希臘文中的蜜蜂，而它正是能吸引蜜蜂的植物，開花期總能見到蜜蜂與蝴蝶在它的周邊飛舞。香蜂草的產量很大，種植面積也不少，但精油產量卻很低，因為這種植物的含水量很高，出油率低，是造成市場上精油價格昂貴的原因，而且有容易買到假貨的狀況。若想品嘗香蜂草的香氣，除了購買精油之外，自己種植香蜂草更為經濟。

Melissa

✳ 香蜂草的應用 ✳

香蜂草的香氣帶有檸檬清香,直接摘下沖泡茶飲就能嘗到新鮮的好滋味。將香蜂草葉片放入製冰盒中製成冰塊,加在夏天的各種飲品中,不但能帶來冰涼感,還能為飲品增添不酸的檸檬香氣,在玻璃杯裡載浮載沈的香葉冰塊還能帶來美好的視覺享受。

瑞士醫生帕拉索西斯(Paracelsus)稱香蜂草為生命的萬靈丹。香蜂草被視為有益於心血管系統的香草植物,它能降低血壓,鎮靜神經系統。在忙碌煩亂時,來一杯香蜂草茶或是香蜂草純露,都能帶來鎮靜清醒的效果。

✳ 香蜂草種植與保存 ✳

香蜂草需種植在陽光充沛的地方,土壤需排水良好,每天早上觀察土壤表面,如果乾燥則澆水。夏季是香蜂草的生長期,定期修剪並施與一點有機肥能讓香蜂草長得更好。香蜂草在炎熱的夏季容易染上粉虱,定期修剪不要讓植株過密,就能減少病蟲害的危機。

定期修剪下來的香蜂草枝葉可以放在陰涼處晾乾,用乾淨的密封罐或夾鏈袋收集起來,放在乾燥陰涼處即可保存,不需要冷藏。雖然乾燥香蜂草的檸檬氣味較淡,但是與綠茶一起沖泡也很有滋味,盡快用完,才能嘗到香蜂草的美好香氣。

▌香蜂草植物小檔案

產地:法國、地中海沿岸

科屬:唇形科滇荊芥屬

精油萃取部位:開花期的整株藥草

▌香蜂草精油主要香氣成分

· **醛**

　檸檬醛

　香茅醛

· **單萜醇**

　牻牛兒醇

　橙花醇

▌香蜂草精油使用小 Tips

香蜂草精油含有醛類,須低劑量使用在皮膚上,否則有可能會刺激皮膚。它是很好的鎮靜精油,對穩定情緒很有效果。你可以將1滴香蜂草精油滴在薰香鍊中,嗅聞這個味道能帶來一天的好心情。在生理期的時候,也可以在平日使用的按摩油中加入1～3滴的香蜂草油,每天晚上塗抹在前胸與下腹部,能舒緩經前症候群的不安情緒。

由於香蜂草精油很昂貴,購買時一定要注意標示,並且選擇有信用的廠商,避免買到化學合成的假貨,或是用檸檬香茅混充的精油。

香草檸檬糖片

瞬間提神醒腦

　　印象中的檸檬酸溜溜的，很難直接入口，若你把檸檬切成薄片，沾上一點砂糖，連皮帶肉一起在口中嚼一嚼，能感受到檸檬果肉的酸、二砂糖的甘蔗香與甜，還有檸檬果皮的苦澀清香。再加上一片香草植物，薄荷或是香蜂草都可以，在口中增加精油的香氣，一點點嗆，一點點涼，就能帶來雞尾酒般的味覺享受。

　　這是一道很有視覺效果的甜點，擺盤美麗又引人入勝，很適合當作餐後甜點。尤其在餐點過度飽食的時候，這樣的水果不會讓你感到撐，而會帶給舌頭不一樣的味覺衝擊，酸酸甜甜的滋味，激勵唾液分泌，還能連帶激起消化系統運動！

【材料】

檸檬 1 顆
二砂糖 30g
香蜂草或薄荷葉 10 片

【做法】

1. 檸檬洗淨，檸檬皮也要用海綿刷洗乾淨。香草植物葉片（香蜂草或薄荷片）拔下後，洗乾淨擦乾備用。

2. 將檸檬切成 0.1 公分的薄片，兩面沾上二砂糖後，平鋪在盤子上。

3. 把洗淨的香草植物葉片（香蜂草或薄荷葉）放上檸檬片即完成。

＊ 保存方式與期限 ＊

　　做好的檸檬糖片最好當餐吃完，沒吃完的二砂糖會融化，檸檬也會變黃，視覺上的感受會變差。若真的吃不完，可以用保鮮盒裝起來，隔天再吃也可以。

＊ 廚房中的多種應用方式 ＊

　　香草植物加檸檬是很常見的搭配方式，你也可以把檸檬和香草植物（香蜂草或薄荷葉）一起打成果汁享用，若是將檸檬皮一併打入，會有苦味，但是檸檬香氣會更加濃郁。

　　吃不完的檸檬片也可以拿來沖泡茶飲，冷的熱的都好喝。

香草花葉冰鎮汽水
帶著香氣的清涼感

　　夏天的時候，氣泡飲料喝起來令人感覺暢快清涼。但是氣泡飲料通常充滿了香料、色素與過多的糖分，帶給身體很大的負擔。偶而想要破戒時，不妨在氣泡水裡加一些自己種植的香草植物做成的冰塊，不僅可以喝到真正的香氣，這些香藥草成分還有消暑解熱的作用。

　　透過冷凍的溫度，可以幫助香草植物葉片與花瓣的香氣析出水中。將花葉冰塊放入飲品中，隨著冰塊融化，飲品中也會釋放香草植物葉片與花瓣的香氣，看著翠綠的葉片及黃白花朵漂浮於杯中，感覺室內溫度變得清涼，人也開懷舒暢起來。

【材料】

水（以製冰盒大小決定需要的量）

香草植物葉片和花瓣（製冰盒中每一格可放 1～2 片，可選擇薄荷葉、香蜂草葉、天竺葵葉（撕碎成小塊）、茉莉花瓣、玫瑰花瓣、玉蘭花瓣）。

檸檬汽水 500ml

【做法】

1. 將清洗過的香草植物葉片和花瓣加入製冰盒中，製冰盒中每一格可放 1～2 片香草植物葉片和花瓣，加水放入冷凍庫即可完成。須確實地將每一片葉片壓入水中。

2. 若有些花瓣與葉片難以壓入水中，可以先將製冰盒裝半滿，放入花瓣與葉片，等結冰後取出，將水加滿，再放入冷凍庫中製冰，這樣可以確保每一片花瓣與葉片都被包在冰塊中。

3. 將檸檬汽水倒入大的透明玻璃杯中，加入 4～6 顆花葉冰塊即可飲用。

＊ 廚房中的多種應用方式 ＊

　　花葉冰塊製成後，可以添加在很多飲品中。你也可以嘗試各種不同的變化，調製出屬於你的獨家配方。我自己常用的五種配方如下：

1. 薄荷葉冰塊、香蜂草葉冰塊、玫瑰花瓣冰塊＋紅茶
2. 天竺葵葉冰塊＋檸檬汁
3. 玉蘭花瓣冰塊＋檸檬汽水
4. 薄荷葉冰塊＋可樂或柳橙汁
5. 茉莉花冰塊＋綠茶

左手香

傳統民俗藥草香（消炎殺菌、治療喉嚨痛、滋養脾胃、幫助消化）

　　左手香又稱為到手香，是台灣的傳統民俗藥草，原始名稱源自中原音的發音，意指用手觸摸就可以得到的香氣。左手香的葉片帶有肉質感，葉面充滿絨毛，輕輕摸就會有滿手香氣。左手香與芳香療法中常用的廣藿香並非同一種植物，他們是唇形科的近親，兩者不同屬，左手香是香茶菜屬，而芳療中使用的廣藿香則是刺蕊草屬。

　　左手香是多年生的草本植物，在中南部的鄉間，幾乎家家戶戶都有種，有分大葉與小葉品種，我特別喜愛小葉品種，它的香氣較為圓潤，葉形小巧可愛，種在盆栽中十分討喜，近年也培育出斑葉品種，使觀賞價值更高了。

　　芳療中使用的廣藿香，葉片較薄，香氣也很濃郁，但是帶有較濃厚的中藥味道，主要產地在印度，是當地常用的香草，萃取出的精油不僅是香水調香的後味，還是重要的催情之香。

✱ 左手香應用 ✱

　　在我小時候，這是阿嬤常用的偏方藥草，可以消炎殺菌、治療喉嚨痛，也是外用的金創藥之一。印象中每次感冒喉嚨痛時，阿嬤總會摘取幾片左手香嫩葉，洗淨，加一些鹽，搓揉出汁後讓我喝下，幫助消炎止痛。左手香葉片也可以摻在生菜沙拉中一起食用，只是葉片絨毛吃起來不適口，可以取些鹽粒搓揉葉片表面，洗淨後切絲，再加入生菜沙拉中，吃起來帶有一點新鮮的香氣，夏天食用非常清爽。

　　把左手香葉片打成果汁，應該是最能讓人接受的食用方式之一。與蘋果或是柳橙一起打成汁，都非常好喝，除了能消炎之外，還能滋養脾胃，幫助消化。

　　目前市面上還買不到左手香精油，但是台灣已經有農場嘗試萃取左手香純露。以有機方式栽種的左手香所蒸餾的純露，加在水中飲用能平衡身心，消炎解熱，對於喜愛芳香療法的人來說，是認識並利用在地香藥草的最好方式。

Patchouli

✱ 左手香保存與種植 ✱

　　新鮮的左手香摘下後，若不碰水，可以在室溫下保存一周時間。也可以綁成束倒吊風乾，延長保存時間，不過香氣比起新鮮葉片要淡一些。若喜愛新鮮的左手香香氣，每次最好摘取適合的使用量，若萬不得已要採收起來存放，可以將葉片疊好，用塑膠袋包裝好，放入冷凍庫中保存，有需用時再取出退冰即可。

　　左手香很容易栽種，春、秋兩季時用枝條扦插就可以長出新株，只要選擇有三個以上生長節點的枝條就可以長出健康的植株。各種土壤都能適應，也很適應台灣的氣候，要注意的是不要過度澆水，有可能造成爛根。

　　適當的修剪對左手香的生長很有幫助，所以一旦種植了就不要吝嗇，常常取來使用吧！

■ 左手香植物小檔案

左手香

科屬：唇形科

拉丁學名：Plectlanthus amboinicus

廣藿香

科屬：唇形科

拉丁學名：pogostemon cablin

萃取部位：開花的枝葉

左手香冰糖釀茶
老祖母的止咳偏方

　　這一味是台灣老祖母的偏方，專治傷風感冒、喉痛聲啞、咳嗽等症狀。左手香是台灣常見的藥草，在鄉下地方幾乎每戶人家門前都有種植。小時候我的外婆用它的葉子來處理蚊蟲叮咬，把葉子洗淨後揉爛，敷在蚊蟲叮咬處，可以止癢消炎。我的外婆也用它來煮茶，每當我感冒咳嗽或喉嚨發炎，左手香茶就會是最適合的飲品。小時候的我不太喜歡左手香的氣味，覺得味道太重，有藥房的味道，長大後一邊喝著左手香茶，卻懷念起小時候捏著鼻子喝茶的回憶。

【材料】
新鮮左手香葉（大葉片約 15 片，小葉片約 25 片）
冰糖（小顆粒狀的）80g
附蓋玻璃廣口瓶 1 個

【做法】

1. 將新鮮左手香葉片摘下，洗乾淨後晾乾，或是用餐巾紙仔細擦乾，這個步驟很重要，否則製好的糖漿非常容易發霉。

2. 將晾乾的左手香葉片撕成小塊，平鋪在玻璃瓶底，鋪滿一層就覆蓋一層冰糖，在冰糖上繼續用左手香葉片覆蓋一層，在葉片上再覆蓋一層冰糖，冰糖的量以完全覆蓋左手香葉片為原則，不要太多。

3. 以一層左手香葉，一層冰糖的方式持續作業，直到罐子滿了為止，罐子中的最上層鋪滿冰糖，就可蓋上瓶蓋。

4. 將裝滿的玻璃瓶放置在陰涼處三天，等左手香葉片看起來變得乾扁後，就可以把左手香冰糖釀糖漿放入冰箱中存放。

5. 每次用乾淨且乾燥的茶匙取用 1 ～ 2 匙，沖泡熱水就可飲用。

* 保存方式 *

　　放在冰箱中冷藏的左手香冰糖釀糖漿，可放置三個月以上。若擔心會發霉，注意每次取用時，將所有左手香葉片壓進糖漿裡，勿使葉片接觸空氣，可以延長保存期限，避免發霉。

* 廚房中的多種應用方式 *

　　左手香是很好的消炎藥草，也可以加入柳丁汁中，調製左手香柳丁汁，夏天冰涼地喝非常消暑解渴。

Chapter

5

Flowers

香花

收集食用花香

　　台灣一年四季都有香花，若能在家裡種植香花植物，不僅可以欣賞花朵，也能滋養嗅覺，更可以在花期飽餐一頓。雖然說吃花有點焚琴煮鶴的感覺，但是妥善應用花的香氣，用一些技巧把香氣留下，就能帶給自己與家人好心情。

玫瑰

養顏不敗聖品（養肝、排毒代謝）

玫瑰是花中之后，象徵著愛情與喜悅，傳說與神話故事非常多。最早的玫瑰其實是白色的，因為沾染了愛與美之神維納斯的鮮血後，才變成鮮紅的花瓣，也讓玫瑰的拉丁學名被稱為「Rosa」，也就是紅色的意思。而中文的玫瑰，原指紅色的美玉，當玫瑰透過絲路傳進中國之後，色美如玉的紅色花朵也得到了玫瑰的美譽。

原本玫瑰表達的敬重與愛意，遠超過愛情。在古代的歐洲，如果仰慕一個人，送玫瑰最能表達你的孺慕之情，但是後來漸漸轉變為追求者的奉獻，尤其是紅玫瑰，成為火熱的愛情象徵。

目前在市場上販售的玫瑰，多半是觀賞園藝用的品種，花朵大而美麗，莖長又直，香氣沒有那麼濃郁，若生嘗花瓣會感覺有些苦澀。這些園藝用的玫瑰花，在栽種過程中也可能施用了大量的農藥，因此不管是剛從園藝店買來的盆栽，或是花市購買的切花，都不建議你直接拿來食用！

食用玫瑰是特殊的玫瑰品種，屬於藥用玫瑰，花莖較短，花朵多半是紅色或粉紅色。在栽種過程中不施用農藥與除草劑，盡量以天然有機方式栽種，才能確保食用的安全。因為玫瑰栽種並不容易，因此台灣有提供新鮮有機玫瑰花瓣的農園並不多。乾燥的花瓣或花苞以進口的較多，但要注意產地，避免買到充滿農藥的玫瑰花，選購時請業者出示相關的證明，才能確保吃的安全。

Rosa

✻ 玫瑰應用 ✻

　　玫瑰一直以來都是花茶的選項之一，香氣濃郁深受大家喜愛。含苞待放的玫瑰最能保留玫瑰香氣，因此玫瑰採收總要在花朵大開放前的清晨進行。

　　玫瑰除了可以製成茶飲，也能做成甜點，近年來風行的玫瑰荔枝麵包裡就有蜜釀過的玫瑰花瓣，剝開麵包就能聞到和嘗到玫瑰香氣。

　　玫瑰純露也是重要的玫瑰產品，其中含有少許玫瑰精油，也帶有玫瑰的微酸風味。加一點在紅茶中，一杯蘊藏花香的玫瑰紅茶，就如同花朵一般盛開在你眼前。

　　若能買到新鮮的玫瑰花瓣或是乾燥的有機玫瑰花苞，將花瓣浸潤在蜂蜜中二週，就能得到玫瑰蜜。你可以利用玫瑰蜜做成各種甜點，或是沖泡各種飲品，為生活增加玫瑰的浪漫氣息。

✻ 玫瑰栽種與保存 ✻

　　自種玫瑰花也是一個選擇，但是玫瑰的種植有一定難度，不能太過嚴苛，也不能太寵，在炎熱多雨的季節裡，玫瑰很容易得到病蟲害，因此需要花心思照顧它。給玫瑰充足的日照，定期修剪與施肥是必要的，開花期要減少澆水的次數，這樣玫瑰才會很認真地開花，不至於光長葉子。

▌玫瑰植物小檔案

產地：保加利亞、土耳其、印度、中亞、俄羅斯

科屬：薔薇科

精油萃取部位：花朵

▌大馬士革玫瑰精油主要香氣成分

· **單萜醇**
　牻牛兒醇
　香茅醇
· **酯**
　乙酸牻牛兒酯
　乙酸香茅酯

▌大馬士革玫瑰精油使用小 Tips

　　前幾年芳療界盛行口服玫瑰精油，希望利用它的養肝作用幫助身體排毒代謝，於是市面上流行販售以玫瑰精油稀釋後製成的膠囊。也有人仿效唐宋時期人們食花的精神，希望藉由攝取花的香氣讓身體也散發出花香。口服玫瑰精油是否真能讓身體散發花香，這一點目前尚未獲得證實，但是如果想要享受玫瑰香氣，塗抹絕對比口服來得有效率。

　　大馬士革玫瑰精油，是透過蒸餾萃取的玫瑰精油，產量有限，因此十分昂貴。由於香氣十分濃郁，我會建議買到 100% 的純精油後，用荷荷芭油稀釋成 10 倍，再將稀釋後的玫瑰油當成純油來使用。你可以直接將 1 滴玫瑰稀釋油，塗在耳後或胸前，當成香精使用，也可以調進配方中，成為護膚油或是各種保養用油。

玫瑰蜜釀
濃縮的美顏配方

　　玫瑰充滿了愛情的想像，充滿了魅惑之香。在芳香療法中，玫瑰精油可以幫助女性更看重自己的價值，更珍惜自己的女性特質，更能充分展現自己的女性魅力。但是純粹的玫瑰精油非常昂貴，總是和貴婦有同等聯想。這個配方不需要花大把鈔票，也可以在生活中享受玫瑰的香、玫瑰的愛、玫瑰的魅力與想像。

【 材料 】
乾燥玫瑰花瓣 40g
蜂蜜 120ml
附蓋玻璃瓶 1 個

1. 使用乾燥的玫瑰，請先把玫瑰花瓣剝開，去掉花萼與花托，保留花瓣即可。

2. 將玫瑰花瓣放入玻璃瓶中，鬆鬆地放入至八分滿。

3. 倒入蜂蜜，邊倒邊攪拌，使花瓣都能浸入蜂蜜中即可。

4. 將玻璃瓶放置在陰涼處，放置二週時間。每天用乾燥的湯匙攪拌一次，讓花瓣充分浸潤在蜂蜜中，等蜂蜜也充滿玫瑰花香之後，就可以拿來食用了。

＊ 小叮嚀 ＊

　　新鮮玫瑰花瓣最好自己種，或是向有機花農選購食用玫瑰。花市上買的玫瑰花農藥很多，請千萬不要拿來吃。你也可以選用乾燥玫瑰花，但是請選購有產地標示的食用玫瑰，否則很容易買到黑心農藥玫瑰。

　　建議使用荔枝蜜或是百花蜜浸泡。龍眼蜜的氣味太重，有可能掩蓋了玫瑰香氣。

＊ 保存方式 ＊

　　製作好的玫瑰蜜可以在室溫下放置半年以上。每次以乾淨且乾燥的湯匙取用，可以保持蜂蜜的品質，不易變質。不建議放在冰箱，容易產生糖的結晶。

＊ 廚房中的多種應用方式 ＊

　　玫瑰蜜可以直接以水稀釋成飲品，或是加在咖啡與茶中飲用，也可以加上檸檬汽水與冰塊打成玫瑰冰沙汽水。你也能發揮自己的想像力，自己創造獨家飲品；或者將玫瑰蜜淋在鬆餅上，加上無糖優格一起吃，也是很棒的調味。

玫瑰蜜釀冰沙

浪漫的清涼感

香甜的玫瑰蜜除了可以製成熱飲之外，做成冰品也很棒，趁著炎炎夏日，快來一杯玫瑰蜜冰沙消消暑吧！

【材料】

冰塊 200g

無糖氣泡水 150ml

玫瑰蜜釀 15ml

【做法】

1. 將冰塊與無糖氣泡水放入冰砂機中，打成冰沙。

2. 將玫瑰蜜釀加入後，攪拌均勻即可。

＊ 小叮嚀 ＊

如果不喜歡冰沙吃起來帶有沙沙的顆粒感，建議不要把玫瑰花瓣一同放入打碎，只需放入蜂蜜即可。

你也可以選用汽水取代無糖氣泡水，但因為汽水很甜，加上玫瑰蜜後會更甜，嘗起來有可能失去消暑的清涼感。

法國吐司佐玫瑰蜜釀

多了浪漫花香

　　法國土司是很簡單又好吃的點心，淋上楓糖或是蜂蜜是最常見的吃法，以玫瑰蜜釀代替蜂蜜，讓法國土司加上玫瑰香氣更添優雅氣息。

【材料】

白吐司　1/2 條

玫瑰蜜釀 20ml

雞蛋　　3 顆

【做法】

1. 雞蛋去殼後，蛋汁打勻。

2. 將白吐司斜對角切成三角形。

3. 準備平底鍋，加一點油後開火熱鍋，油熱後轉小火。

4. 白吐司均勻沾取蛋汁後，放入鍋中煎，待兩面都呈金黃色就可以起鍋。

5. 煎好的白吐司擺盤，吃的時候淋上玫瑰蜜釀即可。

* 小叮嚀 *

　　有人會覺得白吐司切邊後再煎會比較好看，但我覺得這樣太浪費了，煎過的白吐司邊其實也很鬆軟好吃。

阿拉伯茉莉

消暑解熱良方 （消暑、提神醒腦、鎮靜神經、紓解憂鬱）

　　台灣常見的茉莉花俗稱小花茉莉，由於當年隨阿拉伯人流傳至中國，因此也被稱作阿拉伯茉莉，與俗稱大花茉莉的摩洛哥茉莉長相不同，花朵香氣也不同。小花茉莉有清香的含蓄，大花茉莉則有濃郁的野豔。

　　台灣有民俗歌曲「六月茉莉」，說明了茉莉花是夏天的花朵，通常在傍晚時盛開並且釋放香氣。我家的窗台下也種了四棵茉莉花，每到夜晚，從窗外吹進的涼風中，聞得到屬於夏季的茉莉香。

＊ 阿拉伯茉莉應用 ＊

　　新鮮茉莉花摘下後，直接放到冷水中浸泡，在冰箱中冰鎮一晚，隔天就能喝到清新的茉莉香茶，沒有咖啡因只有濃濃花香，十分消暑。你也可以將茉莉放入綠茶或烏龍茶葉中，以熱水沖泡，散發茉莉花烏龍茶的清香可不是浪得虛名。

　　自製愛玉時，也可以在等待結凍的愛玉水中放入 1～2 朵茉莉花，結成的愛玉凍會有淡淡花香，是夏天很棒的午後甜品。

　　乾燥後的茉莉花容易有一種腐味，這味道來自茉莉花中的吲哚成分，我自己不是很喜歡這個氣味，所以通常都趁著茉莉新鮮時應用在茶食中。

＊ 阿拉伯茉莉栽種與保存 ＊

　　在台灣，阿拉伯茉莉算是非常容易栽種的植物，在春、秋兩季時，只要取下有三個生長節的枝條，去掉多餘的葉子後，就可以插枝的方式完成茉莉植栽。茉莉在全日照或是半日照的地方都能生長，全日照的狀態長得比較快，但需要多澆水。茉莉在夏季開花，開花後的枝葉可以修剪掉，並且施放一點開花肥，可以讓它一整個夏季不間斷地開花。秋冬季節則可以大肆修剪讓它休養生息，等待春季增生枝葉，再結出更多花苞。

▍阿拉伯茉莉植物小檔案

產地：印度、中國
科屬：木樨科
精油萃取部位：花朵

▍阿拉伯茉莉精油（溶劑萃取）主要香氣成分

- **苯基酯**
  鄰氨基苯甲酸甲酯
- **酯**
  乙酸卞酯

▍阿拉伯茉莉精油使用小 Tips

　　阿拉伯茉莉是傳說中的催情用油，有助於暖化兩性關係，因此非常適合加入夜晚的按摩油配方中，或是添加在沐浴乳中使用。

　　阿拉伯茉莉精油也是很棒的護膚精油，適合老化、鬆弛的肌膚，具有回春的效用。你可以將 2 滴阿拉伯茉莉精油，加入 30ml 平常使用的植物性面霜中，或是調製在 30ml 植物油中，拿來做臉部按摩，按摩至完全吸收為止，持之以恆，你可以看見臉上重現光彩。

茉莉冰茶

消除燥熱心情

　　夏天的太陽很炎熱，空氣中蒸騰的熱氣容易讓人中暑。飲料店或便利商店中可以買到的飲品含糖量都高得驚人，喝的時候有可能把過多的負擔都喝下肚了。自己在家中準備飲品，利用一些常見的香花及香草植物，就能創造比白開水豐富，又比市售含糖飲料健康清爽的涼夏飲品。

　　夏天是茉莉花盛開的季節，自己種一棵就可以每天採收新鮮的茉莉花，即使只是浸泡在水中，都能享受茉莉花香帶來的清涼感受。

【材料】
新鮮茉莉花 2～3 朵
綠茶茶包 2 包
開水 1000ml

【做法】

1. 每晚睡前採收新鮮茉莉花，稍微用水沖過，確認裡面沒有小蟲子。

2. 準備 1000 ml 開水，放入綠茶茶包及茉莉花。

3. 將茶水放入冰箱中冰鎮一晚，隔天早上起床就可以飲用。

＊　廚房中的多種應用方式　＊

　　除了茉莉花之外，家裡種植的香草植物或是其他香花，都可以用來製作冰茶或冷泡茶，搭配綠茶與紅茶都很合適。

桂花
食用價值高的花香 （改善膚色、止咳化痰）

　　八月桂花香說明了桂花是秋天的植物，事實上桂花開花期很長，從每年的國曆九月可以開花至隔年的五月，中間只休息一個暑假。

　　桂花的香氣怡人，從拉丁學名就可以看出來，屬名與種名都告訴我們它是芬芳的小花，許多茶飲與甜點都有桂花的蹤跡，也是製茶用的香花。從前的人們將桂花種在茶園邊，希望能藉此增加茶葉的芳香。

　　桂花有不同的品種，平日最常見的是銀桂，開出略帶象牙色的小花，香氣清新但不濃郁。拿來萃取精油的是金桂，花朵呈現金黃色，香氣濃郁，用來釀酒或製茶，香氣都很足夠。另外四川也有丹桂，花多為橘紅色，香氣濃郁，但產量不多。

　　中秋節的時候，會讓人想起月亮神話裡的吳剛伐桂，那棵怎麼都砍不倒的樹就是桂花樹。中國雲南民間也有傳說吳剛會下凡考驗人們的善良，給與善良的人桂子，種下後長了滿樹的桂花，只有善良的人能釀出好酒，釀成酒喝了能健康長壽，於是桂花酒成了祝壽的好禮。

　　桂花在民間習俗也象徵貴人，所以家家戶戶都喜歡種植，每日採收新鮮的桂花就能享受善良又增壽的美好香氣。

Osmanthus

✽ 桂花應用 ✽

　　桂花可以釀酒，現在的雲南地區都還盛行以桂花釀酒，也成為當地很重要的名產。

　　桂花可以製茶，加在烏龍茶或綠茶中一起炮製，可以讓茶葉吸取濃郁的桂花香氣。

　　桂花可以做桂花蜜與桂花糖，加在冷熱的點心中品嘗都很不錯。製成的桂花糖還可以加在滷製的肉品中，可增加甜味還能增添香氣。

✽ 桂花栽種與保存 ✽

　　木樨科的桂花很好栽種，只要有充足的陽光，適當的水分就能生長。落地種在土裡，就能茁壯成為大樹。每年花季過後適當的修剪，施一點有機肥，讓它休養生息，就能在秋天再度開出香氣怡人的小花。

　　自家栽種採收下來的小花，不需經過清洗，只需要挑掉多餘的枝葉就可以拿來應用，也可以陰乾後收藏。但乾燥後的桂花香氣沒有新鮮桂花濃郁，還是建議新鮮採收馬上應用。新鮮的桂花採收後可以冷藏 1～2 天時間，太久可能會熟透而發出呦呔的香氣。

▌桂花植物小檔案

產地：中國
科屬：木樨科
精油萃取部位：花朵

▌桂花精油（溶劑萃取）
主要香氣成分

· **倍半萜酮**
　紫羅蘭酮

· **單萜醇**
　沈香醇

▌桂花精油使用小 Tips

　　桂花精油是以溶劑萃取，氣味與我們熟悉的桂花非常不同，甚至更接近紫羅蘭的香氣，再加上以溶劑萃取不適合內服，所以無法以桂花精油來取代新鮮桂花入菜。桂花精油有很好的皮膚療效，對於容易過敏發紅的肌膚有鎮靜的效用，很適合調配為臉部用油，可以取 2 滴桂花精油，加入 10ml 的植物油中稀釋使用。

桂花糖釀
秋日的花釀

　　每年的八月到隔年五月是桂花的花期，花期長、香味濃是大家喜愛桂花的原因。除此之外，桂花也能入菜，還能製茶，更成為中藥材中的一味，應用方向非常的廣泛。除了秋天賞花，聞它的香氣，也可以在其他季節裡品嘗桂花的香氣，只需把桂花摘取下來，以糖醃漬即成，方法非常簡單。

【材料】
新鮮桂花（至少需要一整個飯碗的量）20g
冰糖（小顆粒）40g
附蓋玻璃廣口瓶 1 個

【做法】

1. 桂花不需要洗淨，只需要以人工的方式挑掉葉片、硬枝和其它雜質即可。

2. 將桂花平鋪一層在廣口瓶瓶底，其上覆蓋一層冰糖，接著再鋪上一層桂花，如此重覆鋪上桂花與冰糖，直到桂花用完，最後再鋪一層冰糖。

3. 蓋上瓶蓋，靜置在陰涼處約三天時間，等桂花變成咖啡色之後，就可以取用。

＊ 保存方式 ＊

　　桂花糖釀可存放冰箱中冷藏，每次取出使用時，用乾淨的乾燥湯匙挖取，就可以長久保鮮。我的冰箱裡最長壽的一瓶桂花糖釀，已經超過一年半了，每次取用依然可以享受到桂花的香氣。

＊ 廚房中的多種應用方式 ＊

　　桂花糖釀可以從瓶中取出，直接沖熱水飲用，香甜又帶有濃郁的花香，一聞就有好心情。也可以在滷製豬腳或烹製其它滷味時，加入桂花糖釀，增添桂花香氣。冬至吃湯圓時，也可以把桂花糖釀加在湯圓中，品嘗桂花湯圓更有過節的氣氛。想喝桂花奶茶或桂花咖啡時，直接把桂花糖釀加入飲品中即可，保證每次都能帶給你驚喜與開心的氛圍。

桂花糖釀湯圓
甜蜜的小點心

　　桂花糖釀與湯圓十分合拍，不論大湯圓或是小湯圓，煮熟之後放入桂花糖釀，一口吃到Q彈的湯圓，同時撲鼻而來的是濃郁桂花香，就算不是中秋節，也吃得出圓滿幸福的味道。

【 材料 】

小湯圓　300g
桂花糖釀 15g

【 做法 】

1. 將水煮開後，放入小湯圓，輕輕攪拌不要讓它粘鍋底。
2. 等湯圓都浮上水面後就可以關火，這表示湯圓已經熟了。
3. 將湯圓撈起放在容器中，拌入桂花糖釀即可食用。

＊ 小叮嚀 ＊

　　冷凍後的小湯圓有可能慢熟，當小湯圓已經上浮時先試吃看看，確認內部是否已經熟透，否則有可能吃到未熟的麵糰硬塊。

Chapter

6

nut

堅果

咀嚼天然果香

　　常見的堅果種類非常多，像是南瓜子、甜杏仁、腰果、核桃、葵瓜子、松子、開心果等。堅果很好吃，尤其油炸過及加上許多調味料的堅果常常讓人忍不住一口接一口，吃得過多會造成攝食熱量過高，調味過多也會讓我們不知不覺攝取超量的鈉，對身體十分不益，而且過度油炸的堅果，更會堅果內原有的營養流失，吃得再多也無法攝取到應有的營養成分。

　　堅果應該選擇生的或是低溫烘焙的產品，而且選擇原味的堅果也能減少攝取過多的鹽分。在咀嚼的過程中能吃到堅果的天然香氣，還能充分的吸收到堅果中的維生素、礦物質，以及不飽和脂肪酸。

綜合堅果

健康的零嘴（預防骨質疏鬆、幫助排便、保護心血管系統）

　　吃堅果有什麼好處呢？堅果含有蛋白質，是很好的熱量來源，也可以提供身體必要的氨基酸。堅果含有不飽和脂肪酸，可以保護心血管系統，還能成為細胞的基礎建構物質，對成長中的孩子、懷孕的婦女和銀髮族都是很好的食物。堅果含有礦物質，是很好的減壓食物，也可以預防骨質疏鬆。堅果含有維生素與纖維質，可以幫助腸道蠕動，順利排便。看了這一大串好處，你是否也心動嘴饞，想一起喀茲喀茲的吃堅果呢？

南瓜籽　　滋補氣血

　　南瓜籽來自葫蘆科的植物，果實在秋天成熟後可以取出種子榨油，成為鮮濃好喝的南瓜籽油。而南瓜籽也是很好吃的堅果，去殼之後依然帶有綠色的種皮，低溫烘培就有濃郁的種子香氣，也可以保存其中的營養成分。

　　南瓜籽含有豐富的不飽和脂肪酸與蛋白質，也有維生素 B 與 C，是很好的營養補給品，尤其對於氣血虛弱的人來說，更有溫潤滋補的功效。

　　南瓜籽可以直接生吃，或是研磨成粉末後加在牛奶中飲用，或是與米飯一起煮食，都是很方便的應用方式。

甜杏仁　　有益心血管

　　甜杏仁來自薔薇科的果實，敲開堅硬的果核後方能取得甜杏仁。

　　杏仁有甜杏仁與苦杏仁。作為食物與油品食用的是甜杏仁；苦杏仁則因為含有氰化物，因此不適合食用，就算榨油外用也可能引發過敏，所以苦杏仁油價格便宜，廠商有時會將它精煉，去除掉油中的其他成分，只保留脂肪酸，使油品成為無色無味的杏仁油，充當甜杏仁油販售，因此在芳香療法的領域中並不建議服用甜杏仁油，因為很容易會買到混摻苦杏仁油的油品。

　　甜杏仁吃起來充滿香氣，口感爽脆，是大家喜愛的休閒零嘴，但想吃到甜杏仁中的不飽和脂肪酸與豐富的維生素，得捨去油炸與重鹽的口感。吃輕烘焙且不加調味的甜杏仁，才能減少負擔，吃到真正的健康風味。

　　甜杏仁中含有生物類黃酮，有利於心血管疾病，也能降低膽固醇，對於平日飲食負擔重，常常外食的人來說，輕烘焙不加調味的甜杏仁是非常好的健康零嘴。

腰果　有益心血管、保護血管、促進新陳代謝、消除疲勞、增加免疫力

腰果又稱為樹花生，來自漆樹科果實的種子，果實長得有點像蓮霧，腰果是它的種子，卻不包在果實中，而是懸吊在果實之下，成為一種非常有趣的風景。

腰果嘗起來有香氣，也帶有甜味，是很受歡迎的堅果，可以當零嘴吃，也能入菜，也可以榨取高級食用油，是很好的營養品。因為富含不飽和脂肪酸，有益於心血管系統，可以軟化血管、保護血管。腰果中也含有微量元素與維生素，能增進身體的抗病力，也能幫助身體的新陳代謝，消除疲勞，對於身心壓力大的人是很好的食物。

核桃　補氣養血、平衡膽固醇、降低血脂、有益心血管、幫助消化、增加免疫力

核桃又稱為胡桃，是胡桃科的植物。我們所食用的核桃，是果實中的果核敲開後內含的果仁。核桃果仁含有豐富的油脂，可以生食，也可以製成糕點，在中式料理中也能入菜。

核桃仁以中醫以形補形的概念，被認為是補腦聖品，本草綱目中也認定核桃仁能補氣養血。它所含的不飽和脂肪酸能平衡膽固醇，降低血脂，有益於心血管系統。核桃也含有豐富的纖維質，能幫助腸道蠕動，有益消化系統。核桃仁也含有豐富的維生素與微量元素，具有抗氧化、增進身體免疫力的效益。由此看來核桃是營養豐富的堅果，但別忘了它的熱量很高，每日攝取量必須斟酌，避免發胖。

葵瓜子　減壓助眠、安定神經系統

葵瓜子來自向日葵花朵的種子，是菊科植物的種子，含有豐富的多元不飽和脂肪酸 Ω6，也有維生素與礦物質，是很好的堅果食品，生食比高溫烘焙的葵瓜子更能攝取到這些營養成分。

葵瓜子也是很好的減壓食物，對於因為工作壓力大、考試壓力大而睡眠狀況不佳的人來說，每天一小杯葵瓜子可以補充身體所需的色氨酸，能安定神經系統，舒緩壓力對睡眠的影響。

除了烘焙時可將葵瓜子加入麵糰中之外，將葵瓜子撒在沙拉中，或是加在水果中一起打成精力果汁，都是很好的食用方式。

松子

幫助新陳代謝、有益心血管、舒壓、增強體力、抗衰老

松子來自松科植物的種子，在中國史料中，很早就記載了松子為藩屬國的進貢品，珍貴而且具有豐富的營養，被稱為長壽果或是養人寶。

松子富含豐富的不飽和脂肪酸，能使細胞膜更新，幫助身體新陳代謝，還能有益於心血管系統。此外，松子富含多種微量元素礦物質，也是有利於神經系統的堅果，能舒壓並增強體力，松子還含有維生素 E，還能抗衰老。如此看來，松子果然是養生寶。

松子在中式料理中常入菜，也能製成糕餅點心。中式糕餅的松子酥就是以松子為主要食材做的好吃點心。買來的松子可以乾鍋稍微煎一下，讓它產生香氣，撒在沙拉上吃是最簡單的做法，或是磨碎後加在醬料裡，調拌青菜麵條都很好吃。

開心果

補充熱量、潤腸通便、調節神經系統、溫腎暖脾、調中順氣、補益虛損

開心果原產地在中亞一帶與伊朗、新疆等地區，因為經濟價值高，目前在美國加州與澳大利亞都大量種植生產。開心果來自漆樹科的種子，種子外附有一層又厚又硬的種殼，在加工料理前會先以人工方式敲開一個裂縫，以方便使用。

開心果也有人稱它為綠仁果。據說波斯人饒勇善戰的原因，就是因為戰士都隨身攜帶開心果來補充體力，因此也被稱為仙果。開心果含有豐富的不飽和脂肪酸，能補充熱量，也具有潤腸通便的作用。開心果不需要加工就很好吃，味道甘甜不苦，所含的豐富礦物質與維生素能調節神經系統，也能滋補身體，中醫藥典中也提到開心果（阿月渾子）能溫腎暖脾、調中順氣與補益虛損，是很好的食補材料。

吃開心果時，不要把外面的紫紅色種皮拿掉，因為富含花青素，能抗氧化防衰老，果仁含有葉黃素能有益眼睛的健康。如此看來開心果真的是吃了讓人健康又開心的堅果！

✱ 堅果的廚房應用 ✱

除了西點烘焙會用到堅果之外，在中西式料理中，堅果可以直接入菜，例如餐廳常見的腰果蝦仁就是一道含有堅果的料理。你可以把堅果直接撒在生菜沙拉上，增加生菜的香脆口感；或者把堅果打成泥，做成醬料可以搭配火鍋，也能搭配燙青菜或涮好的肉片。

你也可以把堅果和牛奶用果汁機打成堅果牛奶，絕對比市售現成的堅果牛奶更有香氣，又有營養。

蔬菜棒佐雙果醬

酸甜中帶著堅果香

只用新鮮腰果與蘋果一起打成的雙果醬，有堅果的香，也有蘋果的酸甜，滋味很豐富，因此不需要再加上其它調味，搭配清脆的蔬菜棒，是非常棒的輕食，也是很棒的午後點心。

【材料】

新鮮腰果 30g

中型蘋果 1/2 顆

四季豆 6 根

西洋芹菜莖 2 根

小黃瓜 2 條

【做法】

1. 中型蘋果去皮、去芯，並切成小塊。

2. 用食物調理機將新鮮腰果與中型蘋果一起打碎成泥，以小缽盛起。

3. 將四季豆洗淨，剝除豆莢絲，燙熟後，放入冰水中冰鎮降溫；小黃瓜洗淨後也切成直徑 1 公分的棒狀；西洋芹菜莖洗淨後，把中間的韌絲挑出剝除後，切成直徑 1 公分的棒狀。為了美觀且容易食用，棒狀蔬菜的長度約 15 公分左右即可。

4. 將切好的蔬菜棒插進裝有冰水的玻璃杯中冰鎮，取出沾上步驟 2 的雙果醬一起食用。

＊ 小叮嚀 ＊

這道菜重點在於新鮮，因此要選購新鮮有活力的蔬菜會更好吃。

最好做完後馬上就吃完，連醬料也不要留下。

Chapter

7

Floral Water

純露

自己 DIY 萃取香氣

　　純露來自芳香植物蒸餾後的水產品，好品質的第一道萃取純露裡面通常會保留 0.2 ～ 0.5% 左右的精油成分，因為有少許精油的存在，純露帶有微微的精油香氣，又因為含有的精油濃度低，也成為芳香療法中被廣泛使用的安全產品。

　　凡是透過蒸餾萃取的精油都會有純露的產出，只是純露保存不易，且運費昂貴，除非有廠商特別訂購，蒸餾場通常只會販售精油，而將大部份純露回歸山林，少部分純露留著自用。

花草純露

為飲品增加香氣

（消炎、調和神經與免疫系統、消除水腫、消暑解渴）

　　有關純露的研究近年來越來越多，大多肯定純露具有極佳的消炎療效。長期飲用對神經與免疫系統也很有幫助。純露中富含了有機酸，可以淨化體液，幫助身體代謝酸性物質。純露也具有些微的利尿作用，對於久站久坐、容易下肢水腫的人來說，有很好的消水腫效果，不管是飲用、泡澡或泡腳都可以。

　　不過市面上販售的純露品質不一，一不小心就可能買到由精油乳化還原的精油水，或是化工香精水。

　　純露在保存上的要求也比較多，需要保存在低溫且穩定的環境中，所以如果你買回品質良好的純露，別忘了放進冰箱保存。

　　除了進口的純露之外，台灣也有很多蒸餾廠相繼進入純露蒸餾的領域。許多農業產銷班以有機或傳統無毒方式種植香草植物，採收之後蒸餾成純露，直接販售或製成其它加工食品。台灣自己生產的純露很新鮮，隨著產季生產不同的品項，值得大家去挖掘嘗試。

* 花草純露的應用方式 *

　　將純露稀釋在水中飲用是最普遍的純露用法，每 200ml 的水，可以加入 1ml 的花草純露，調和出來的花草純露水香氣濃郁，夏天喝尤其能消暑解渴。花草純露也可以調和成複方，挑選你喜歡的 2～3 種花草純露，一同加入水中飲用，也能刺激味蕾，激盪出舌尖上的火花。

　　純露也很適合加入飲料中，不管是冷飲或熱飲都行。橙花咖啡是加了橙花純露的咖啡，不加奶，才能嘗到咖啡的醇厚與橙花的香氣。

　　你也可以把花草純露放入製冰盒中做成花草純露冰塊，加入沖泡好的紅茶、綠茶或是果汁中，都能增加飲料的香氣，夏日午後喝一杯，十分消暑，用來招待朋友也能創造話題與美好回憶。

　　純露也能當做肌膚保養的化妝水。清潔之後，噴灑在臉上，可以保溼，又能活化肌膚，不同的香氣又能帶來不一樣的感受。或者用花草純露浸潤面膜紙自製成保溼花草純露面膜，每天晚上敷在臉上，可以幫助肌膚鎖水保溼，對於曬後的肌膚也有鎮靜作用。

玫瑰露　美膚

含有微酸的玫瑰香氣，聞起來有新鮮玫瑰的香氣，有很好的美膚效用，也適合加在咖啡中飲用。

橙花露　有益油性、敏感的肌膚

有濃郁的花香，是非常受人喜愛的花香純露之一，對於油性、敏感的肌膚很有幫助。加在咖啡中飲用非常適合，也能加在愛玉冰或綠茶中。喝過橙花檸檬汽水嗎？你一定會喜歡！

白玉蘭純露　潤肺、舒緩感冒

好似熟悉的玉蘭花香，但味道卻清淡許多，連不喜歡玉蘭花香氣的人也會喜愛的純露。中醫醫典中提到玉蘭花露可以潤肺，感冒時喝上熱熱的一杯能舒緩呼吸道症狀。適合加在冷飲中，特別是加入冷泡綠茶或清茶中，十分對味。

月桂純露　健腦、開胃、潤腸、止痛

以月桂葉蒸餾的純露，是來自歐洲的舶來品。月桂在義式料理中是常見的香料，若是廚房裡沒有乾燥的月桂葉，你可以在煮好義大利麵後，噴灑一些月桂純露後拌勻，就能為義大利麵增添風味。把月桂純露加在濃湯中也是很棒的選擇。

自己也可以蒸餾花草純露

　　自家庭院有花草植物的收成嗎？除了泡茶之外，是不是無法消化過多的採收量？試試自己在家裡蒸餾花草純露。你可以上網搜尋蒸餾器，有許多蒸餾米酒的蒸餾器材都可以用來蒸餾簡單的花草純露。若不想添購蒸餾器具，也可以用廚房裡的鍋具來製做，雖然器具很陽春，雖然蒸餾過程中香氣有可能跑光光，但看到一點點成果，心裡還是開心，更別說拿出自己蒸餾的花草純露製成飲品時，會非常有成就感！

電鍋蒸餾法

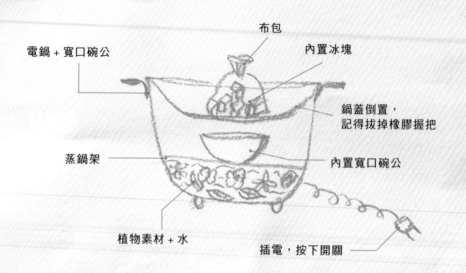

布包

內置冰塊

電鍋 + 寬口碗公

鍋蓋倒置，
記得拔掉橡膠握把

蒸鍋架

內置寬口碗公

植物素材 + 水

插電，按下開關

電鍋蒸餾法適合懶人，怕熱不想隨侍在側，可以嘗試這個方式。

【器具】

電鍋 (10 人份)1 個
碗公 1 個
蒸鍋架 1 個
濕毛巾 1 條

【材料】

水 2 碗（約 800ml）
檸檬皮（削好的）300g

【做法】

1. 在電鍋的外鍋放入削好的檸檬皮及 2 碗水。

2. 在上面放一個蒸鍋架。

3. 將空碗公放在蒸鍋架上。

4. 蓋上電鍋蓋，將鍋蓋倒放，插電，打開開關讓電鍋運作。把濕毛巾圍在電鍋蓋的縫隙上，這麼做為避免蒸氣流失，可以在電鍋蓋上放上一些冰塊幫助冷卻。

5. 等待電鍋開關跳起就可以了。

* 小叮嚀 *

　這樣的方式蒸餾出來的花草純露量比較少，但是比較有機會得到精油，若是害怕蒸餾出來的花草純露帶有一點燒焦的氣味，可以等到電鍋沒有咕嚕聲（表示外鍋水乾了）就關機等冷卻。

瓦斯爐蒸餾法

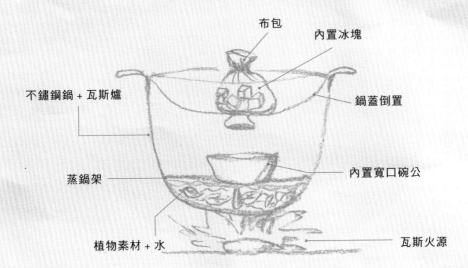

布包
內置冰塊
不鏽鋼鍋 + 瓦斯爐
鍋蓋倒置
內置寬口碗公
蒸鍋架
植物素材 + 水
瓦斯火源

這個方式速度較快，但是需要在旁照顧以免燒焦。

【器具】
大鍋附蓋 1 個
大碗　1 個
蒸鍋架 1 個
濕毛巾 1 條

【材料】
水 2 碗（約 800ml）
檸檬皮（削好的）300g

【做法】
1. 在大鍋內放入削好的檸檬皮及 2 碗的水。
2. 在上面放一個蒸鍋架。
3. 將空大碗公放在蒸鍋架上。蓋上鍋蓋，打開瓦斯爐至中火，將鍋蓋倒放，可以讓冷卻的純露更容易進入收集純露的碗中。可以在倒置的鍋蓋上放上一些冰塊幫助冷卻。
4. 打開瓦斯爐至中火，等聽到水滾的聲音可以轉小火。
5. 把濕毛巾蓋在鍋蓋的縫隙上，這麼做為避免蒸氣流失。

＊　蒸餾小訣竅　＊

你可以把鍋蓋倒放，記得將鍋蓋上的塑膠把手取下以免融化。利用鍋蓋的傾斜角度可以方便水蒸氣順著鍋蓋緣流進大碗公中，讓蒸氣冷凝後的收集更有效率。網路上有些網友分享可以在鍋蓋握柄上綁上棉線，可以讓冷卻後的純露更正確無誤的流進收集的容器中。

＊　適合蒸餾純露的素材　＊

生活中帶有香氣的植物素材都可以嘗試自己蒸餾純露，常見的素材如下：
1. 各種香草植物的嫩枝與葉片，無論乾燥或是新鮮的都可以。
2. 乾燥的香料。
3. 新鮮的花瓣或是乾燥的花瓣。
4. 新鮮洗淨的果皮。

橙花咖啡

提升咖啡價值與口感

　　橙花純露來自芸香科柑橘屬的苦橙，花朵潔白卻帶有非常濃郁的香氣。蒸餾橙花精油時，可以一併取得的橙花純露，自古以來一直是喜愛花香調者鍾愛的香氣。橙花純露不僅可以直接當成化妝水使用在臉部，也能加在各種飲品中，讓飲品產生美好的花香氣味。

　　橙花咖啡，是帶有花香調的調味咖啡，適合在貴婦的下午茶中出現，既能品嘗到濃郁的咖啡香，也能在品味到清新的花香。如果你不想手上拿著一杯風味不佳的廉價咖啡，施一點橙花純露的魔法，就能瞬間提升這杯咖啡的價值與口感，消除過多的苦味，帶來更多的香氣。讓廉價咖啡變好喝的祕方，就是橙花純露。

【 材料 】
咖啡粉 15g
熱水 150ml
橙花純露 2ml

【 做法 】
1. 用熱水沖咖啡粉後，咖啡裡加入 2ml 橙花純露，即完成。

＊ 廚房中的多種應用方式 ＊

　　橙花純露可以應用在各種飲品中，除了咖啡，綠茶也是很好的搭配夥伴。把橙花純露加在綠茶中，讓綠茶喝起來有花香，而且比茉莉綠茶的氣味更加消暑，冰的、熱的喝起來都很不錯。如果家裡有小朋友，也可以把橙花綠茶加洋菜粉做成茶凍，是夏日放學後非常棒的回家甜點。偷懶的做法是把少許的橙花純露噴在市售的茶凍上一起吃，也能嘗到橙花香。

自製伯爵茶

把茶變好喝

當我們到餐廳享用下午茶時，一杯伯爵茶常能帶來兩種享受，濃醇的紅茶風味，加上清香暢快的柑橘香氣，是的，伯爵茶的調味就來自芸香科柑橘屬的果食香氣。製茶者用佛手柑、檸檬或橙子的果皮，加入紅茶茶葉中一起烘製，讓茶葉吸了飽飽的果實香氣，而產生伯爵茶這樣美好的茶品。

買到的紅茶茶葉，有些本身香氣不足，沖泡起來沒有茶香，充其量只能說是一杯充滿咖啡因的飲品，如同食之無味、棄之可惜的雞肋。若你手邊有芸香科柑橘屬的精油，不需要自己準備烘茶機器，就能自己熏製帶有柑橘香氣的伯爵茶，讓紅茶從雞肋變身為雞腿！

【材料】

脫脂棉花 1 塊（大小需可揉成直徑 5 公分的團子）
紅茶 1 罐 100g
芸香科柑橘屬精油（佛手柑為佳，甜橙、檸檬次之）0.5ml

【做法】

1. 打開紅茶罐，將脫脂棉花黏附在紅茶罐的蓋子內，滴上 8 ～ 10 滴的佛手柑精油後，將蓋子蓋緊。

2. 搖晃罐內的紅茶葉，放置一星期後即可完成。

3. 這一星期期間可每天搖晃紅茶罐，讓茶葉充分受到精油香氣的熏製。

＊ 保存方式與期限 ＊

香氣約可持續 2 ～ 3 個月時間，請把握時間享受柑橘的香氣。

＊ 廚房中的多種應用方式 ＊

如果你手邊還有些花草茶的花瓣，也可以加進茶葉中增添顏色與風味，例如：紫羅蘭花瓣、金盞菊花瓣。每 100g 的紅茶茶葉只需加入 5 ～ 10g 的乾燥花瓣混勻，就能製成色香味俱全的花瓣伯爵紅茶。

花草純露冰塊與花葉冰塊

漂浮的清涼花景

　　為了養生，我幾乎一年四季都習慣喝熱茶，但台灣的夏季炎熱，暑氣逼人，偶爾還是讓人忍不住想破戒。在外購買含有香精的人工加味茶，不如自己在家製作香氣冰茶。將香草植物直接做成冰塊，隨時都能享受香草植物的芬芳滋味，既消暑，又能讓飲品成為餐桌上吸睛的焦點。

　　目前台灣許多有機農場或特用植物產銷班，以有機方式種植了許多香草植物，由於氣候與歐洲不同，這些香草植物往往很難蒸餾萃取出足量的精油，但是卻能生產高品質的純露。將這些高品質的台灣花草純露做成飲品，不但可以享受不同的香氣，還能淨化體液、促進循環、提振情緒、舒緩壓力、增進身心健康。

【材料】

香草植物（香蜂草葉片、綠薄荷葉片、檸檬馬鞭草葉片、馬鬱蘭嫩枝葉）適量

香花植物（茉莉花、玫瑰花瓣、桂花）適量

花草純露（橙花純露、野薑花純露、薄荷純露、香蜂草純露、玫瑰純露）適量

飲用水（依製冰盒容量而定）

製冰盒 1 個

【花草純露冰塊做法】

1. 花草純露與飲用水，以 1:1 的比例稀釋，倒入製冰盒中。

2. 將製冰盒放入冷凍庫中，製成冰塊。

3. 把製好的冰塊加入各種飲品中即可。

【花葉冰塊做法】

1. 將香草香花植物葉片洗乾淨。

2. 把葉片放入製冰盒中，每一個製冰盒可以放入 1～2 片的葉片，你也可以將花瓣與葉片放進同一個格子中。

3. 將飲用水倒入製冰盒中，盡量將葉片壓入製冰盒，放入冷凍庫中製冰。

4. 若葉片依然會上浮，可以先將水加入一半，放入冷凍庫中，等結冰之後，再把水加滿去製冰，就可以確保花瓣與葉片在冰塊中心。

5. 製作好的冰塊可以加在各種飲品中，茶類、汽水或是果汁都可以。

　　花草純露冰塊與花葉冰塊都是有香氣的冰塊，除了加在飲品中調香之外，也可以將這些冰塊打成冰沙，加一點荔枝蜜或是氣泡水，就是獨有風味的沁涼飲品。不過冰的東西吃多了還是對身體無益，酌量使用才能享受美好香氣。

　　萬一不小心遇到跌打損傷的問題，需要冰塊冰鎮時，花草純露冰塊可以幫助消腫消炎，你只需要用毛巾將冰塊包起，一邊冰敷患部一邊讓冰塊慢慢融化即可。

天竺葵香愛玉

Q 嫩消暑甜品

　　炎炎夏日吃一碗冰涼的檸檬愛玉是一大享受，然而可以搭配愛玉的不僅只有檸檬香。香草植物所蒸餾出的純露，也會是搭配愛玉的好夥伴，尤其是天竺葵純露，帶有一點玫瑰花香，又有檸檬香氣，加在愛玉裡一起食用，不但增添風味，還能消暑解熱。

【 材料 】

天竺葵純露 5ml

二砂糖水 50ml

愛玉凍 300g

【 做法 】

1. 將愛玉凍切小塊，加入糖水拌勻。

2. 加入 5ml 的天竺葵香純露，攪拌之後即可食用。

＊　廚房中的多種應用方式　＊

　　純露可以添加在各種飲品中，不論是冰紅茶、冬瓜茶或是檸檬愛玉，都可以添加。你也可以嘗試各種不同的變化，調製出獨家配方。我常用的三種配方如下：

1. 野薑花純露＋紅茶

2. 香蜂草純露＋冬瓜茶

3. 白玉蘭純露＋檸檬愛玉

【香料使用功效對照表】

香料食療不生病：

用廚房常見的香料做料理，減壓、
補血、除溼、排毒、治小病

作　　者：歐陽誠

責任編輯：梁淑玲

攝　　影：廖家威

封面設計：東喜設計

內頁設計：夏果設計 nana

插　　畫：不用

出版總監：黃文慧

副 總 編：梁淑玲、林麗文

主　 編：蕭歆儀、黃佳燕、賴秉薇

行銷企劃：莊晏青、陳詩婷

印務主任：黃禮賢、李孟儒

社長：郭重興

發行人兼出版總監：曾大福

出版：幸福文化出版

地址:231 新北市新店區民權路 108-1 號 8 樓

粉絲團:https://www.facebook.com/happinessbookrep/

電話:(02)2218-1417 傳真:(02)2218-8057

發行:遠足文化事業股份有限公司

地址:231 新北市新店區民權路 108-2 號 9 樓

電話:(02)2218-1417 傳真:(02)2218-1142

電郵:service@bookrep.com.tw

郵撥帳號:19504465

客服電話:0800-221-029

網址:www.bookrep.com.tw

法律顧問:華洋法律事務所 蘇文生律師

印刷:通南彩色印刷有限公司 電話:(02)2221-3532

初版一刷:2013 年 9 月

二版一刷:2018 年 9 月

定　價:420 元

Printed in Taiwan

國家圖書館出版品預行編目資料

香料食療不生病：用廚房常見的香料做料
理，減壓、補血、除溼、排毒、治小病 / 歐
陽誠著 . -- 初版 . -- 新北市：幸福文化出版：
遠足文化發行 , 2018.09
　面；　公分 . -- (飲食區 Food & Wine ; 9)
ISBN 978-986-96680-4-0(平裝)

1. 香料 2. 食譜

427.61　　　　　　　　　　107012498

椰棗核桃

講究真食物的天然健康，

分享好食材的美味純粹，

是艾琳農坊的理念。

Eileen's Farm
艾 琳 農 坊

艾琳農坊堅持只要食材的品質好，不需額外添加也非常美味。

以真食物的概念出發，實訪台灣及世界特色產地，從地中海的新鮮杏桃、南美洲的有機葡萄到台灣本產的果物，創意搭配這些嚴選天然的當地食材，獻上入口時那份令人感動的美味新鮮，堅持無防腐劑與人工化學的添加，口感及新鮮度有別於一般市面商品的品質。

在這樣的理念與堅持下，艾琳農坊將推出更多天然美味的好食物，讓消費者每一口都可嚐到我們的用心與來自大自然的美好。

關於更多天然好食資訊歡迎拜訪我們的

Facebook 專頁：www.faceboom.com/ eileensfarm

官網 www.eileensfarm.com.tw

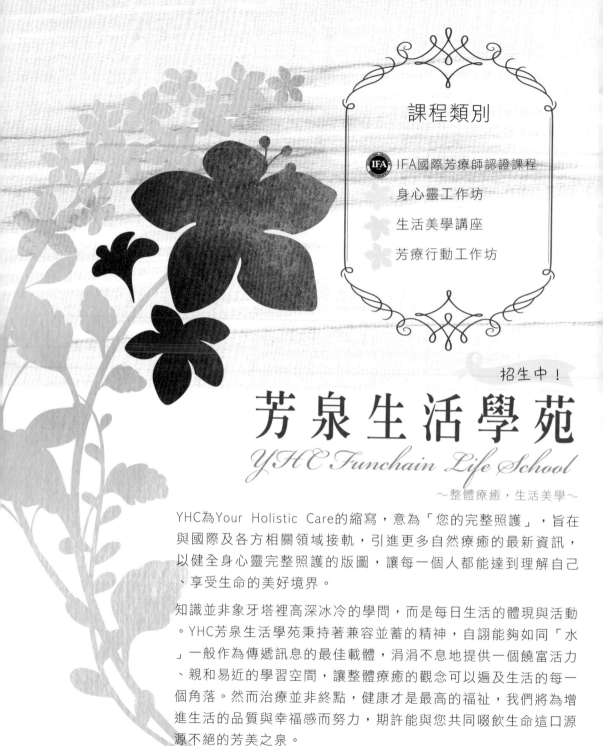

課程類別

IFA IFA國際芳療師認證課程

身心靈工作坊

生活美學講座

芳療行動工作坊

招生中！

芳泉生活學苑
YHC Funchain Life School
～整體療癒，生活美學～

YHC為Your Holistic Care的縮寫，意為「您的完整照護」，旨在與國際及各方相關領域接軌，引進更多自然療癒的最新資訊，以健全身心靈完整照護的版圖，讓每一個人都能達到理解自己、享受生命的美好境界。

知識並非象牙塔裡高深冰冷的學問，而是每日生活的體現與活動。YHC芳泉生活學苑秉持著兼容並蓄的精神，自詡能夠如同「水」一般作為傳遞訊息的最佳載體，涓涓不息地提供一個饒富活力、親和易近的學習空間，讓整體療癒的觀念可以遍及生活的每一個角落。然而治療並非終點，健康才是最高的福祉，我們將為增進生活的品質與幸福感而努力，期許能與您共同啜飲生命這口源源不絕的芳美之泉。

www.yhc-aromarte.com ✉ service@yha-aromarte.com

f www.facebook.com/yhcaromarte(YHC芳療藝術國界)

管理中心：台中市南區五權南一路61號　客服專線：04-22600528

Arte Verde

-來自奧地利的優質芳療品牌-

純淨、能量、愛，在手中綻放的療癒花園

Arte Verde純淨、優質的有機芳療系列產品，所有的原料皆來自原野野生，或是採取自然農法、符合有機認證標準栽種的植物。這些自然生長、細心呵護的優質植物才能萃取出細緻和諧、能量飽滿的精油，這樣的精油猶如瑰寶，僅需微量即可發揮令人愉悅的作用。

對於產品，Arte Verde的理念是：自然的產品之於肌膚更是靈魂的處方；天然的香氣藉由嗅覺而成具象，而這具體化的事物也與我們產生關連，進而使人與人之間產生關係，並帶來互動；藉由互動啟發行動，而行動是我們生命中的根本本質；芳香精油則是啟發我們的生命的關鍵。

管理中心：台中市南區五權南一路61號
客服專線：04-22600528
e-mail:service@yha-aromarte.com

 www.facebook.com/yhcaromarte
Web：www.yhc-aromarte.com

大中華區總代理
KHC 芳療藝術國界
YHC AROMATHERAPY ART COUNTRY

好｜禮｜大｜放｜送

您只要填好本書的「讀者回函卡」，寄回本公司（直接投郵），就有機會免費得到 19 項好禮。

★ 獎項內容

· ① YHC 芳療藝術國界 - 有機沙棘果油 30ml/ 價值 3,600 元（共 3 名）
· ② YHC 芳療藝術國界 - 冬日暖陽 複方精油 10ml/ 價值 2,200 元（共 3 名）
· ③ YHC 芳療藝術國界 - 有機橙花純露 100ml/ 價值 1,700 元（共 3 名）
· ④ 艾琳農坊禮盒（內含：綜合健康果仁分享包 320g、椰棗核桃分享包 220g、烘培 帶殼腰果分享包 240g、愛文芒果分享包 240g)/ 價值 1050 元 /（共 10 名）

★ 參加辦法

只需填好本書的「讀者回函卡」（免貼郵票，直接投郵），在 2013 年 12 月 6 日（以郵 戳為憑）以前寄回【幸福文化】，本公司將抽出 19 名幸運讀者，得獎名單將在 2013 年 12 月 13 日公佈於——

共和國網站：http://www.bookrep.com.tw

幸福文化部落格：http://mavis57168.pixnet.net/blog

幸福文化粉絲團：http://www.facebook.com/happinessbookrep

* 以上獎項，非常感謝 YHC 芳療藝術國界、艾琳農坊大方贊助。

幸福文化　　　書　名　香料食療不生病　　　書　號　0HHL0005

讀者回函卡

感謝您購買本公司出版的書籍，您的建議就是幸福文化前進的原動力。請撥冗填寫此卡，我們將不定期提供您最新的出版訊息與優惠活動。您的支持與鼓勵，將使我們更加努力製作出更好的作品。

讀者資料

● 姓名：＿＿＿＿＿＿　● 性別：□男　□女　● 出生年月日：民國＿＿＿年＿＿＿月＿＿＿日
● E-mail：
● 地址：□□□□□＿＿＿＿＿＿＿＿＿＿＿＿＿＿＿＿＿＿＿＿＿＿
● 電話：＿＿＿＿＿＿＿＿＿　手機：＿＿＿＿＿＿＿＿＿　傳真：＿＿＿＿＿＿＿＿
● 職業：□學生□生產、製造□金融、商業□傳播、廣告□軍人、公務□教育、文化
□旅遊、運輸□醫療、保健□仲介、服務□自由、家管□其他＿＿＿＿＿＿＿＿＿＿

購書資料

1. 您如何購買本書？□一般書店（　　　縣市　　　　書店）　　　　□網路書店（　　　　書店）　□量販店　□郵購　□其他
2. 您從何處知道本書？□一般書店　□網路書店（　　　　書店）　□量販店□報紙　□廣播　□電視　□朋友推薦　□其他
3. 您通常以何種方式購書（可複選）？□逛書店　□逛量販店　□網路　□郵購□信用卡傳真　□其他
4. 您購買本書的原因？□喜歡作者　□對內容感興趣　□工作需要　□其他
5. 您對本書的評價：（請填代號 1.非常滿意 2.滿意 3.尚可 4.待改進）　□定價□內容　□版面編排　□印刷　□整體評價
6. 您的閱讀習慣：□生活風格　□休閒旅遊　□健康醫療　□美容造型　□兩性□文史哲　□藝術　□百科　□圖鑑　□其他
7. 您最喜歡哪一類的飲食書：□食譜　□飲食文學　□美食導覽　□圖鑑　□百科□其他
8. 您對本書或本公司的建議：

＿＿＿＿＿＿＿＿＿＿＿＿＿＿＿＿＿＿＿＿＿＿＿＿＿＿＿＿＿＿＿＿＿＿＿＿＿＿
＿＿＿＿＿＿＿＿＿＿＿＿＿＿＿＿＿＿＿＿＿＿＿＿＿＿＿＿＿＿＿＿＿＿＿＿＿＿
＿＿＿＿＿＿＿＿＿＿＿＿＿＿＿＿＿＿＿＿＿＿＿＿＿＿＿＿＿＿＿＿＿＿＿＿＿＿
＿＿＿＿＿＿＿＿＿＿＿＿＿＿＿＿＿＿＿＿＿＿＿＿＿＿＿＿＿＿＿＿＿＿＿＿＿＿